生物实验牧医教学
彩色标本制作全书

王荣林　蒋春茂　孟　婷　张步彩　王　康　著

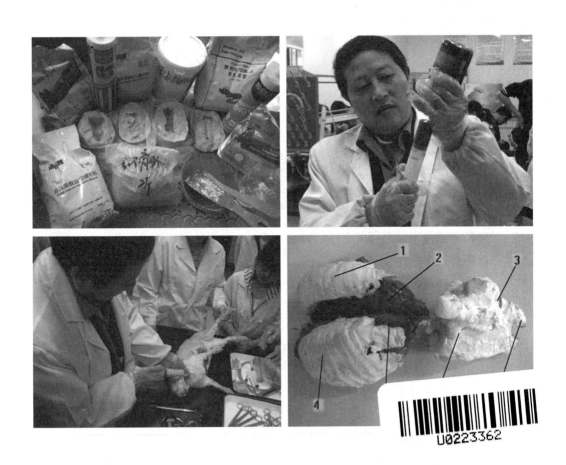

江西科学技术出版社

图书在版编目（CIP）数据

生物实验牧医教学彩色标本制作全书 / 王荣林等著.
-- 南昌：江西科学技术出版社，2020.3（2021.1重印）
ISBN 978-7-5390-7234-0

Ⅰ.①生… Ⅱ.①王… Ⅲ.①兽医学—生物学—标本
制作 Ⅳ.①S852.6-34

中国版本图书馆 CIP 数据核字(2020)第 034272 号

国际互联网（Internet）地址：
http：//www.jxkjcbs.com
选题序号：ZK2019501
图书代码：B20032-102

生物实验牧医教学彩色标本制作全书　　　　　　　　　王荣林等　著

出版发行	江西科学技术出版社
社址	南昌市蓼洲街2号附1号
	邮编：330009　电话：（0791）86624275
	86610326（传真）
印刷	三河市元兴印务有限公司
经销	各地新华书店
开本	787mm×1092mm　1/16
字数	231千字
印张	11.25
版次	2020年3月第1版　　第1次印刷
	2021年1月第1版　　第2次印刷
书号	ISBN 978-7-5390-7234-0
定价	36.00元

赣版权登字-03-2020-65

内容简介

全书内容主要包括"生物实验花卉牧医教学标本的制作""动物鸟雀实验牧医教学干标本的制作""小动物实验牧医教学干标本的制作""常见动物实验牧医教学干标本的制作""动物脏器实验牧医教学彩色干标本的制作""动物新工艺产品实验牧医教学干标本的制作""水产动物实验牧医教学干标本的制作""生物昆虫实验牧医教学标本的制作"八大章节,约 21.6 千字,并附有插图 1000 余幅。

本书全面系统地介绍了生物实验牧医教学多种彩色标本制作方法过程,图文并茂,文字通俗易懂,内容实用,取材方便可行,操作性强。不仅能供大、中专院校、职业高中、技校、中小学的广大师生学习与应用,也能供大、中、小城市的青少年、青年及标本制作爱好者参考使用。

前　言

为了适应人们对生物教学教具技术的需求，丰富业余生活，也为满足有关人士对动植物实验牧医教学彩色标本学习应用的迫切需要，为了达到充分体现直观教学效果，提高教学质量，增强标本制作者动手能力的目的，作者特地编写了此书。

本书在生物动物牧医教学标本制作上，总结了前人制作的经验，图文结合。全书本着取材方便、制作简易和适用易行的原则，以生物实验牧医教学标本制作为主线进行叙述。该书具有直观性、实用性、易行性和示范性等特点，书中详细讲述了生物实验牧医教学实体标本的制作方法。这些生物实验牧医教学实体标木，既能节省教学实习费用；也能存放于标本陈列馆作装饰品为观赏、展览服务；又能作为课外教学技能的内容，培养读者的动手与讲演能力；还可以为动植物标本制作者和专业教学的广大师生自学提供参考。

在编写过程中，参阅并引用了有关文献，恕不一一说明，谨向原作者致以谢忱。由于时间仓促，加之编写经验不足，水平有限，书中谬误之处在所难免，敬请读者给予批评指正。

本书编写过程中邀请了南京农业大学动物医学院解剖标本专家、家畜解剖学知名教授周浩良老先生为之审阅并题词。邀请了江苏农牧科技职业学院贺生中教授及江苏武警总队医院外科主任医师王兔林先生审稿，同时还受到了江苏农牧科技职业学院葛兆宏教授、陆辉教授、陈小权书记、孟婷副院长、王康副教授、韩青平副教授、王龙珍讲师、王加乐、李乃竹、王泽、张步彩、高月秀、丁小丽、方向红等领导同仁的热情支持和悉心指教。在此一并谨表谢意！

编　者

2019 年 10 月

目 录

第一章　生物实验花卉牧医教学标本的制作

第一节　生物实验插花教学标本制作

一、生物实验插花器具的准备

选作插花的材料，不论木本、草本，或是花枝、果枝、叶枝，都要新鲜有致，色香姿韵，各擅胜场。春花烂漫的季节，选用色彩绚丽为好；夏季选择淡雅清芬的为好；秋季选用浓香五彩为好；到了冬季，则选色香温暖为宜。插化所需的器具并不多，最基本的有浅水盆（盘）、插座、花瓶等。另外还要准备一些细线或细铁丝，以及剪刀、小篮等工具。

1. 浅水盆（盘）：一般为浅口的、不渗水的瓷盆或上釉的陶盆。其形状、大小、颜色虽无特别的要求，但色泽以白色的或深色的比较适用，因为这些颜色容易与花色调和，看起来比较文雅，如果过于鲜艳，反而使人觉得刺目；另外浅水盆的边高 6~7cm。初学者应选用大小适中的为宜。

2. 插座：固定花枝用。圆形，下部是平底的重金属块，上面具多数金属针，适合插厚软的花枝；若是较硬的花枝或灌木枝条，

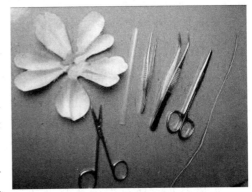

生物实验插花教学标本
制作前器具的准备

应将基部交叉剪开，既便于任意调整花枝的角度，又能避免将针尖弄弯。插花枝的插座应放置在浅水盆的适当位置，以形成堆叠式丛生的花朵。

3. 花瓶：制作瓶花用。在插瓶花时不必使用插座，因此也更自然，但一般应在瓶口设置"井"字架，用来固定花枝。花瓶宜矮小。家庭插花通常选用圆形或长柱形的高花瓶，色泽为绿、黄、白或灰色的就很适用，甚至因陋就简，就地取材，取家用略微精致一些的菜盆、盂钵、广口瓶之类，插些山花野果，也颇得自然乐趣。

4. 细线或细铁丝：用来接长花枝。通常将一截小枝接在花枝上，用细线或细铁丝绑扎。

5. 剪刀：用来修整枝、叶或花，较硬较粗的枝条可使用整枝剪。

6. 小篮：装放插座、剪刀、细线或细铁丝、小的棍棒以及其他零星物品，便于取用，以备不时之需。

二、生物实验插花教学标本制作

（一）生物实验盆插教学标本制作

1. 直立型：选择最好的花枝，在剔除较差的花苞后，按规则修剪成第一主枝，近于垂直地插于插座，然后再插第二、三主枝。第二主枝斜向左边，与假设的垂直线成45°夹角，第三主枝斜向右前方，与垂直线成60°夹角，使花低于第二主枝。三主枝的位置形成整个作品的骨架。辅枝的插放对主枝起加强的作用，不能喧宾夺主。最后用小的叶子、花或碎石将插座覆盖，其目的是使整个作品更接近自然。

2. 前倾型：选用弧度适合的花枝作第一主枝，使它向左前方倾斜或弯曲。第二主枝斜向右侧。第三主枝以较低的位置斜向右前方。将小花枝扎在一起当辅枝，插于第一和第三主枝之间，然后以叶片或其他东西覆盖插座。前倾型的关键是第一主枝的斜度或弯度，在选择花材时要给予足够的重视。

生物实验自制花枝标本欣赏

3. 侧倾型：第一主枝须有显著的倾斜或弯曲，使它的长度足以超出浅水盆之外并稍微向右前方倾斜。第二主枝稍微向左边。第三主枝向左前方倾斜。辅枝插在适当位置。要使所插的全部材料，好像是从同一的根或茎中抽生出来的，这样才显得自然。

生物实验自制盆景标本欣赏

4. 映水型：该花型是从侧型演变派生而来的，目的在于描绘一幅湖滨或溪畔的景致。因此在处理时，要使它的弯曲度足以让第一主枝倒映在浅水盆的水面上。第二、三主枝靠拢，以碎石或鹅卵石覆盖插座。

5. 景致型：该花型的主要目的在于描绘溪畔或池边、林地景色，它可以按插花者的想象力与技巧，生动地表现出线条的优美。花材可采用多种树枝及灌木，长了瘤节、生了青苔，或掉了叶片的枝条，都可有效地组合

生物实验自制花叶标本欣赏

在景致型是以忠实地反映自然面貌。该型可使用两个插座。选用姿态雅致、长而粗壮

的枝条作第一主枝，插在一号插座上，形成主体；第二主枝可短些，插在二号插座上，它起映衬的作用。第三主枝可省略。

(二) 生物实验瓶插教学标本制作

1. 作为瓶花材料的主枝和辅枝，它们的长度都是从瓶口以上计算的，因此它们的总长度应是瓶口以上的长度加瓶中的长度，在花材不够长时，瓶中部分可用小木棍接长的办法来解决。

2. 先将第一主枝直立插于瓶的左侧；然后将第二主枝插在花瓶的左前方；第三主枝插在右前区并斜前方。第三主枝位于第一主枝的下方，它在瓶中的位置倒并不十分重要，要紧的是它在瓶外的位置是否正确。插好三主枝后，将辅枝插在适当位置，作为主枝的陪衬和补充。将它们用适宜的方法加以固定并用叶片或小花覆盖瓶口。在插瓶花时要注意以下三点：一是主枝的位置必须正确，让人看起来比较自然、舒服；第二是主枝和辅枝必须稳固地插在花瓶中；第三它们都必须浸在瓶内的水中，以保持其鲜活度。

生物实验自制瓶插教学瓶花标本花叶欣赏

3. 该型的第一主枝稍微向左方，第二主枝斜向左侧，第三主枝斜向左前方；余下的辅枝插于适当位置，最后用带叶的枝条遮盖瓶口，并用绿叶来衬托花朵，达到增进美观的作用。

生物实验自制瓶插教学瓶花标本插花欣赏

4. 本型以弯曲的花枝作第一主枝，如花枝较平直，则采取斜插的办法，该枝斜向右方；第二主枝插在第一主枝的左侧并斜向前方；第三主枝在最前面并斜向右前方。所有的主枝看起来都像是从花瓶的某一区域长出来的，即瓶口要留出一定空间，造成虚实对比。

5. 整个构图犹如瀑布倾泻，该花型放在高处，效果更佳。第一主枝应剪去有碍倾泻状的小枝，插入瓶中作主体，但要注意稳定性。第二、三主枝可略短些。第二主枝插在直

生物实验自制瓶插教学瓶花标本花叶欣赏

立的位置并稍微斜向右方，第三主枝插在左前方。本型不需辅枝，仅用主枝就可完成设计。

（三）生物实验瓶花插花的方法

1. 花枝的选择：花枝剪回后，在插瓶前，须将其基部多余的枝叶剪除，并剪掉枯枝黄叶，清理叶面污物，然后摊在干净的塑料薄膜上，仔细端详。故将剪回的花枝，以求各依其态、各就其势，发挥形、色、韵集成之美。

2. 插花：花枝选择、整理好后，应着手插入瓶中，插时疏密斜正，俯仰高下均须仔细斟酌，切忌排列整齐，更不能将所有花枝束缚一起，一次插入；花枝以单数较易安排，首先应将中意的花枝作为主体，再把其他花卉作为第一陪衬和第二陪衬来补救主体的单调与不足，使整个构图取得平衡；图案式多用此法插。或把各种花卉插成一个或几个不等边

生物实验教学瓶花花叶标本欣赏

的三角形，但必须注意使花和瓶密切配合，融成一体，合乎画意，构成一幅立体的图画，决不能相互交叉，以免破坏其完整性。不论用任何方法插花，都不能失掉整个构图的重心。

三、小丽花标本制作工艺图示（一）

1. 准备一些齿轮状圆弧形花心

2. 准备一些草绿色齿轮弧形花蒂

3. 准备一些黄土色六角形花片

4. 将多张黄土色花片分别串联在花心管枝上

5.将草绿色花蒂串联在花心管枝上

6.准备一些灰白色六角形花片

7.将多张灰白色花片分别串联在花心管枝上

8.将花蒂串联在花心管枝上

四、小丽花标本制作工艺图示（二）

1.准备多张朱红色六角形花片

2.将多张朱红色花片分别串联在花心管枝上

3.将花蒂串联在花心管枝上

4.准备多张紫红色六齿槽形花片

5. 将多张紫红六齿花片串联在花心管枝上

6. 将花蒂串联在花心管枝上

7. 准备一些暗红色八角菊花形花片

8. 将多张八角形花片分别串联在花心管枝上

五、小丽花标本制作工艺图标（三）

1. 将花蒂串联在花心管枝上

2. 准备卵圆形多个枝条红色透明装饰球

3. 将短枝头弯曲成彭端分别插入多个
红色装饰球小头孔内固定

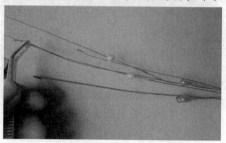

4. 将多个翠绿色装饰球分别串联在较
长插花枝条的中间

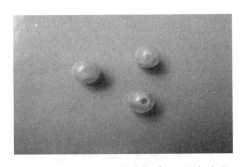

5.准备多个枝头球形翠绿色穿孔的装饰球

6.将多个长枝头弯曲彭端分别插入备好
的花朵管枝上固定

7.将装饰球和各个花片进行整形固定

8.非常漂亮小丽花干花标本即做成了

六、生物实验手花教学标本制作

手花常用于迎宾赠友，借此以寄情感，托意气。当前，国际交往频繁，加之开放旅游事业，来往外宾，尤重此礼，故手花之艺，当倍加重视。

手花不像瓶花那样要求精工巧艺，只要花枝丰满，色彩热情，排列有序，扎缚整齐，握持得势，就颇称不逊。

材料多选花枝坚实、叶片刚强、花冠硕大，颜色鲜艳，无刺少毛，香气浓郁，刚适盛开程度的草木花卉，以大花作为主体，余为陪衬。

扎前将花枝按 30～50cm 的长度剪切，分花种将基部置于有浅水的容器，待主次材料备齐后再行扎缚成束。主花 1～3 朵置于中央，周围配以陪衬、花叶均宜。如整束叶片太多，应加以疏剪，使花多叶少，方能突出主体。分

生物实验自制手花教学标本

生物实验自制手花教学标本欣赏

量要求适中，以一手握之，恰到好处。扎缚用麻片或塑料薄膜，务使扶持适手；为使手花保持鲜度，花枝基部可掺裹少量吸水纸，脱脂棉之类，可短期供应花枝的水分。扎好后如不即刻使用，可仍置浅水桶中暂贮藏，若大量制作则应用冷藏措施，以便确保鲜度。使用时再用塑料袋罩住整个花束，以免风吹日晒。

花篮多用于迎宾，或表示祝贺等礼仪；花环则多用于葬仪、追悼会。选材应偏重于花色以表情感。除丧礼均用白黄紫色之外，其他则多温柔醒目之色彩。在扎制时，必须先备骨架，可用铅丝、竹篾编扎，形式要比较精美大方，简便轻巧。花枝尽量选用蔓性或长花序，除去绝大部分叶片，基部以大如拇指，长及3cm的脱脂棉球浸湿裹之（丧礼用白棉球，其他礼仪时棉球要染成美丽的颜色），

生物实验自制手花教学标本手花欣赏

以防花朵失水凋谢。扎制可用综丝，但避免露出方显精致。花头一律朝天，从上而下，几枝并做一束，将花朵位置均匀密排，缺朵时逐步添加，有如放绳结鞭的添料方式，以中小花为基调，每隔一段，突出一朵大花。花篮应将篮口密排大花一圈，枝基朝内，以叶掩之。扎成后要外观丰满，花叶比例适宜，花朵分布均匀。扎成后，以清水喷湿，置阴凉潮湿之处，一昼夜后，花叶恢复新鲜，且花头向上，颇感生机勃勃，不失为高尚礼品。

七、火草花标本制作工艺图示

1. 准备一些桔黄色齿轮状花片和花蒂

2. 准备一些花片、花心和花枝条等材料

3. 将多张桔黄色花片分别串联在花心管枝上

4. 将花蒂和花枝条分别串联在花心管上并插紧固定

5.准备一些乳白色六边形花片、花心和材料　6.备一些花片、花枝条、花心和花蒂等花蒂

7.将串联好乳白色花朵和叶片分别安装　　8.这样美观的火草花干花标本即
枝条上成为火草花标本　　　　　　　制成了

第二节　生物实验花卉教学干标本制作

一、生物实验月季花教学干标本的制作

生物实验月季花干标本是通过剪取带花的枝条，放在容器内，经干燥包埋、风干，然后倒出干燥剂，将其固定在透明的容器内密封，制成的立体干花标本。植物主体干花标本，保持了植物茎、叶、花生活时的颜色与姿态，不但生动自然，制作简单，而且还可以作为教具永久存放、使用。

(一) 生物实验月季花干标本制作前准备

1.工具：枝剪、500ml 烧杯、较大的玻璃瓶、培养皿。

2.材料：8 号铁丝、木制底座、硅胶、硬纸板、回形针。

3.干燥剂的选择：可购买新出厂的、颗粒较小的珍珠岩作为干燥剂。珍珠岩为建筑保温材料，不但轻，包埋植物时，叶、花不易变形，且吸水能力强，是较理想的干燥剂。

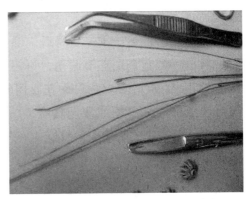

生物实验月季花制作前器具的准备

若买不到珍珠岩，可用沙子代替。但沙子需反复冲洗，冲去土粒，晒干备用。

4.包埋月季容器的准备：包埋月季花的容器的体积应比标本大，并具较好的透气性。如带细孔的纸箱、带有网眼的塑料容器等均可。

5.盛放标本的容器准备：可选择带盖的透明玻璃容器或有机玻璃容器。可能取一段8号铁丝并盘旋，而后把盘在中央的一头拉起，使铁丝成盘旋状，再把拉起的一头铁丝插入花柄中，用硬纸板围成一圆筒，用回形针别住，圆筒的长度和直径以能罩住花为好，把花连同盘曲的铁丝放在培养皿中，用圆筒罩住，向内灌入硅胶直到淹没花为止，筒上盖一玻璃片，放在阳光下晒一周左右。而后

生物实验月季花干标本制作前花片和
器具的准备

放在大容器中，抽去纸板圆筒，硅胶散落，露出脱水后的干花。把干花连同铁丝插入木制底座，放入玻璃瓶中，加盖，用蜡封口。干花标本制作完成。贴上标签、采集地点和日期、采集人姓名。

（二）生物实验月季花干标本的制作

1.剪取月季花：选择天气晴朗的日子，剪取花朵较好、颜色艳丽、未彻底开放、叶片、花瓣上没有露水、带2~3片复叶的月季花。

2.包埋月季花：先在包埋容器的底部，放一层珍珠岩或沙子，将花柄插入。然后向容器内缓缓注入珍珠岩或沙子，包埋月季花。在包埋过程中，注意保持花的本来姿态。完全包埋后，将其放在通风干燥处，自然风干两周。

生物实验欣赏虾夷花干制花叶标本

3.整形、密封：干燥2周后，倒出珍珠岩或沙子，若有个别花瓣脱落，可用解剖针蘸少量乳胶粘合。在盛放月季花容器的底部，放一块2cm左右厚的泡沫塑料板，贴上标签，

生物实验欣赏自制月季花干花标本

选择干燥后叶片、花朵颜色较好、形态自然的月季花，插入容器的泡沫塑料板内，将其固定好，放入干燥剂，密封即成。

4.熟悉材料：干燥花创作时，须对所使用的材料有所了解，并考虑作品的色调、作品形式和整体表现。作品结构的平衡与摆设地点需相称，可营造视觉上整体美感及

安全稳定性。颜色的选择可依照个人喜好或环境作适度调节。至于用色技巧，可依个人喜好或在生活中慢慢学习。

5.选择干燥方式：有自然干燥及人工干燥两种方式，自然干燥可选择无雨、通风、无强烈日光照射处，采用倒吊、平置或干压等方法处理。人工干燥采用干燥机械或干燥剂强制，将水分自植物体内移除。但是，并非每一种花均适合制成干燥花，基本条件是植株本身含水量较少，叶片具革质或枝条形质优美者为佳，如多肉植物就不适宜。

生物实验欣赏手工制作干花标本

6.慎选花器：一件完整的作品必须与摆设地点的环境配合，才能突显出独具的特色，不宜忽视花器。花器的选择可依作品使用目的而定。由于干燥花不需要供应水分，可运用的花器便不受限制，只要有创意且具实用性，触目所及的物品均可利用。不过，使用仍须考量花器材质及安全性。

生物实验干花叶标本的欣赏

二、月季花标本制作工艺图示

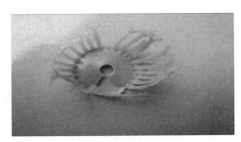
1.准备土黄色弧形的花心

2.制成三棱形玫瑰色花片

3.制成四棱形玫瑰色花片

4.制成六边形玫瑰色花片

5. 折叠剪成六边形朱红色花片

6. 将外层六边形卷平成环弧状

7. 制成五星形花垫圈

8. 制成草绿色齿轮状花蒂

9. 准备一些大小不等的花片和器具

10. 将花心和花片分别串在吸管花枝上

11. 将四棱形花片串联在花枝上

12. 拉紧花枝内铅丝使花片与花心贴紧

13. 将花内垫圈串联在花枝上

14. 将中层花片串联在花枝上

15. 将花中垫圈串联在花枝上

16. 把几层花片错开排列并拉紧整形

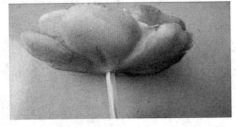

17. 将外层多张花片分别串在花枝上

18. 将花外层花蒂串联在花枝上固定

19. 鲜红月季花干制标本制作成功

二、生物实验花瓣干标本的制作

1. 在野外采集和制作花瓣标本，是一种有意义和有乐趣的工作，花瓣标本最好是在植物开花期采摘的花瓣。要采集制作花瓣标本，需准备标本夹和吸水的萱草纸，标本夹可以自己动手制作，用木条做两片网式架，架上要留有可绑绳索的头，两条木架之间放吸水的草纸，用绳绑好随身携带。

将采集花叶排在多层吸水纸上

把鲜花瓣排列在吸水纸上

2. 全株花瓣采下后，先将花瓣整理齐压放在草纸上，然后将花瓣整理好，每片瓣要展平。不能因为瓣多摘掉，有一部分瓣要反放，这样压好的标本瓣的正反面均有。在上面再铺几层吸水草纸，用木夹压紧绑好，花瓣标本不能在太阳下晒。这样容易变色，压在标本夹内的标本每天要翻倒数次，每次换用干燥的吸水草纸，用过的纸在太阳下晒干以备下次翻倒时使用，标本夹压标本主要是靠吸水草纸，将植物的水分吸干。

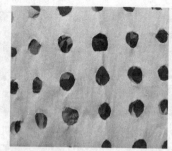
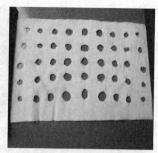

3.压好的标本，花瓣的颜色不变。压好的花瓣标本，可用来做教学用品和装饰品。在野外活动如果没带标本夹，可以用餐巾纸或卫生纸代替吸水草纸，也可夹在纸板或塑料箱板中用绳绑紧，或将干花瓣夹在笔记本中。

四、生物实验压花标本的制作

1.采花：早上带上全套采花工具进了花园，包括：手套(棉质、乳胶均可)、枝剪、剪刀、保鲜袋或塑料袋若干。收集花材的时间最好是晴天早上的9点到10点，这是植物枝叶展开与花朵绽放最有生机，色泽最艳丽的时辰。用枝剪小心翼翼地将花带枝剪下，保留一段花枝，可以维持较长时间的保鲜。然后放进塑料袋中。塑料袋中最好放入两团沾有过氧化氢的棉花球，起防腐保鲜作用；最好是每种材料分袋装，不易混淆又容易处理。

把刚采集花叶排在吸水纸上　将花叶粘贴做成石榴花标本

将花叶粘贴塑封制成生物实验黛玉葬花草叶压花干标本

2.压制：用两块木板作压花板，在上面打一些孔，以利水分挥发，四周用四颗螺丝来固定和调节厚度。还需要一个密封盒，找一个有密封性的容器；干燥剂用硅胶，又便宜又容易买到。将整朵花或者分解的花瓣放于吸水纸上(卫生纸、棉纸、报纸都可以），几层吸水纸放一层花材，再铺几层吸水纸再放一层花材，最后用砖头等施以均衡重压即可，放于通风干燥的地方，勤换吸水纸，最好一天一次，7～10天材料就压

干了。如果制作时遇到潮湿天气，可以选择用熨斗或者微波炉来压制。将熨斗的温度调整到100～160℃，底部滴几滴水，熨压30秒到1分钟左右。

　　3.构图：要了解材料的材质、形态、色彩情况，花材、卡纸、裱框材料的特性，素材的基本形状。可简单归纳为点、线、面。点的聚合和线、面的延伸即呈现各种不同的形态。

将花叶粘贴塑封制成生物实验教学花草叶压花干标本

　　4.粘贴：在花材背面涂满胶液，使花材牢固粘贴于衬底上。要保持花朵的完整性，不能损坏花瓣。

五、陆莲花标本制作工艺图示

1.将多张粉红色花片分别串联在花心管枝上

2.准备粘贴乳白色花环和花蒂

3.准备草绿色三角形叶片

4.准备一支完整陆莲花朵、花蒂和叶片

5. 准备数支完整陆莲花朵、花蒂和叶片等待串制

6. 将多枝花朵、花蒂和叶片分别串联在枝条头内并固定

7. 陆莲花干花叶标本制作完成

8. 欣赏干制花叶标本

六、生物实验花果标本的制作

1. 药品：升汞，酒精，二硫化碳，樟脑等。

2. 工具：小锄头、树枝剪、标本夹、麻绳、采集箱、吸水草纸、气压表及指北针、三开放大镜、外采集标本记录册、标本号牌、工作记录本、用较厚的纸做成的属夹、种夹、大小牛皮纸袋、文具用品如毛笔、铅笔、橡皮、小刀、米尺、纸张、塑料布等。

花叶果中医标本采集

3. 制作方法：

（1）标本的采集：要选择完整、最有代表的植株或枝条，每采一种标本都要挂上好牌，同一种植物要挂同一号的牌。

（2）野外采集记录：记载的主要内容，除植物名称、产地情况、海拔高度、时间、地点、用途外，特别要注意记载植物干后容易发生的内容。及时填写在记录签上，该签100张装订成一本。

（3）修剪整形：取出采集箱中所采来的标本，

花叶果中医标本采集

动作要轻、慢，以免损坏标本。

（4）标本压制：先将缚上麻绳的一块标本夹板放在地上或桌上，放上几层吸水草纸，将修剪整形过的植物标本平展在吸水草纸上，然后放层标本，又放上1～2迭吸水草纸。压制在夹内的标本，要勤换吸水纸，天气晴朗时，十多天就可干燥。

（5）标本装订：将压干的标本放在台纸上，台纸以250～300g的厚卡片为宜。在纸袋上注明采集人姓名和号数。

花叶果中医标本采集

（6）标本消毒与杀虫：野外采集的标本，有时带有害虫或虫卵，存放久了，虫害蔓延，往往使标本遭受损坏。因此标本存放在柜之前应经过杀虫、除菌处理，以免后患。

（7）标本存放：应把同中标本放在一起，把不同种或变种的标本彼此隔开，以便查找。标木室应干燥通风，严禁烟火。拿动标本时，要轻取轻放，不要损坏标本，更不能将标本翻转颠倒。标本上的花、果不能随意取下。

七、牡丹花标本制作工艺图示

1.材料的准备

2.手花器材的准备

3.制成折叠弧形布花朵

4.制成粉红色花片

5. 制成灰绿色花片

6. 制成形成不同的花片

7. 制成土黄色花心

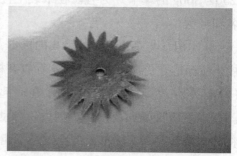

8. 制成草绿色花蒂

9. 制成弧形黄色花蕊

10. 将花蕊至花蒂分别串联吸管花枝上

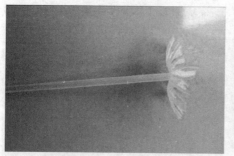

11. 先把花蕊串联在吸管花枝上

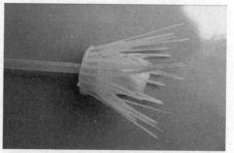

12. 把花心串在花枝上并紧靠花蕊

13. 制成一些红绿色花片

14. 制成形状不同的花片和花蕊

15. 把大小不等花片分别串联于花枝上

16. 红色花片串后绿花片和花蒂待用

17. 把草绿色花片串联于花枝上

18. 把花蒂串联在花枝上

19. 牡丹花制好后插入瓶内保存展览

生物教学"主枝花草叶插花标本制作工艺"欣赏

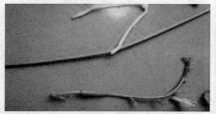

1. 准备插花材料枝条和嫩芽朵

2. 准备插花材料野草枝节

3. 准备插花材料野草头饰

4. 将草头饰粘合上野草枝节上

5. 将野草管枝插入枝条头上固定

6. 准备一些插花片、花心、花蒂材料

7. 准备花枝条和嫩芽花朵

8. 准备些花叶片、草枝花片等材料

9. 将几支嫩芽花朵安装在花枝条上

10. 将串联嫩花朵末枝插入叉枝条上

11. 将叶片、花朵分别装在 V 形分枝条上

12. 将 V 形花枝孔中插入花主枝杆上

13. 将野草嫩芽朵安装在花主枝头上

14. 这样主枝花叶插花标本就做完了

15. 欣赏紫锥花干花标本

16. 孙老师采集生物教学鲜花标本与欣赏

17. 欣赏小丽花干花标本

18. 欣赏牵牛花干花叶标本

生物教学"茶花标本制作工艺"欣赏

1. 准备茶花乳白色弧环形花心

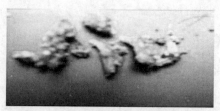

2. 准备干玉米粒与透明胶混成团状花雌蕊

3. 将花雌蕊速与花心分枝头相粘合

4. 将黄粒胶团与花心分枝快速粘连

5. 同法制作外层刚粘合的花蕊

6. 准备茶花乳白色弧形花垫圈

7. 制成五星形紫红色花片

8. 制成四棱形紫红色花片

9. 制成五星形草绿色花蒂

10. 将花心粘着花蕊 串在吸管铅丝上

11. 将多层花心蕊拉紧吸管内铅丝固定

12. 把花紫红花片串联在吸管花枝上

13. 将花内垫圈串联花枝上并拉紧些

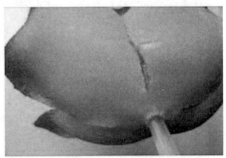

14. 将多余花片串在吸管花枝上

15. 将外花垫圈串联在花枝上并拉紧

16. 把绿色花盖花带串联在花枝上

17. 这样茶花标本就基本做好了

18. 牧医教学中草药新鲜果实标本收集

生物教学"银莲花标本制作工艺"欣赏

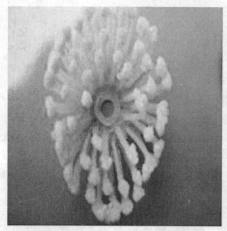

1. 准备银莲花心并粘贴好花雌蕊

2. 制成五星形白底红边色花片

3. 制成四菱形白底红边花片

4. 将花片周边卷曲成弧形

5. 准备齿轮状花垫和吸管花枝

6. 备好星形花蒂和细铅丝

7. 备成一些花片和制作器具

8. 将花心蕊安装在吸管花枝上

9. 把花片分别串联在吸管花枝上

10. 将花片和花蒂串联在吸管花枝上

11. 银莲花标本做好后可保存

12. 孙老师采集牧医中兽医实验教学标本与欣赏

生物教学"萱草花标本制作工艺"欣赏

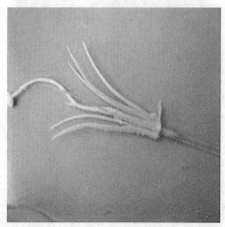

1. 将准备萱草花的花心蕊串联于吸管花枝上　2. 制成紫萝底色花边灰白色六边形花片

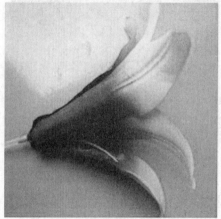

3. 将花边卷曲成喇叭筒形状　4. 用粘胶将花片边粘贴花片整形拉紧

5. 萱草花标本基本制成了　6. 牧医中兽医教学花果标本收集与观赏

生物教学"大荷花干花标本制作工艺"欣赏

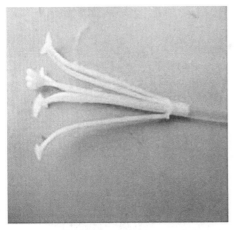

1. 蒋准备的花心蕊串联在吸管花枝上

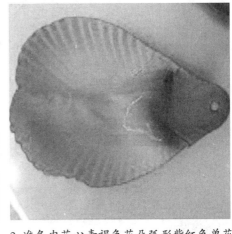

2. 准备内花心青褐色花朵弧形紫红色单花片

3. 准备外花心青褐色花朵红色单花片

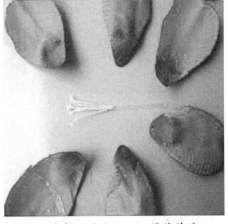

4. 准备一些大小不一荷花单片

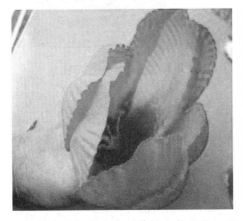

5. 将多张红花片串联花枝上整形就好了

6. 牧医中兽医教学花果标本收集观赏

生物教学"紫兜兰标本制作工艺"欣赏

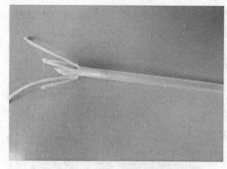

1. 将准备花心串联于吸管花枝上

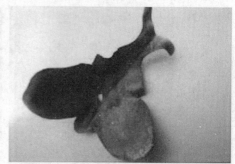

2. 蝴蝶形紫萝色花片

3. 准备二等分豆形紫萝色花片

4. 准备三菱形紫萝色花片

5. 将蝴蝶形花片串联在吸管花枝上

6. 将三菱形花片串联在花枝上

7. 将花片串联在花枝上紫兜兰花就做好了

8. 牧医中兽医教学花果叶标本收集观赏

生物教学"睡莲花标本制作工艺"欣赏

1. 准备睡莲花心并粘贴花雌蕊

2. 制成白底粉红边缘齿轮状花片

3. 制成五角星形有弧度的花蒂

4. 准备一些大小不等的花片和制作器具

5. 将花心、花蕊串联在吸管枝上固定

6. 将多张花片串联在吸管花枝上

7. 将花蒂串联在吸管花枝就做成了

生物教学"报春花标本制作工艺"欣赏

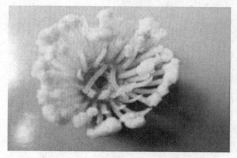

1. 制成绿色弧形花心并粘合花蕊

2. 制成五星形灰色底浅蓝边缘的花片

3. 制成草绿色弧形齿轮状花蒂

4. 将花心蕊串联在吸管花枝上并拉紧

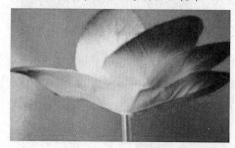

5. 将多张花片安装在吸管花枝上

6. 将花枝杆收紧并适当的整形固定

7. 将花蒂串联在吸管花枝上做好了

生物教学"紫锥花标本制作工艺"欣赏

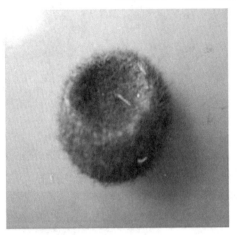

1. 准备表面粘连绒毛的车气塞状花心

2. 准备啤酒盖形黄色底外围褐色的花心瓣

3. 准备四方形齿轮状内黄外褐色花片

4. 准备四棱形内黄色外周褐色花片

5. 准备紫褐色齿轮状弧形的花蒂

6. 准备一些四菱形花片等花材料

7. 将制成花心蕊串联在吸管花枝上　8. 将齿轮状花片串联在吸管花枝上

9. 将另一张齿轮状花片串联在吸管花枝上　10. 将花蒂和菱形花片串联在花枝上

11. 紫锥花干花标本就基本做好了

生物教学"桔梗花标本制作工艺"欣赏

1.准备土黄色弧形花心

2.制成朱红色四棱形花片

3.准备粘贴碎棉絮丝纱网

4.准备翠绿色五星弧形花蒂

5.准备一些朱红色四菱形花片和制花器材

6.将制成花心和花片分别串联在吸管花枝上

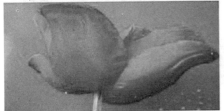

7.将多张花片分别串联在吸管花枝上

8.将粘贴棉絮丝纱网串联在吸管花枝上

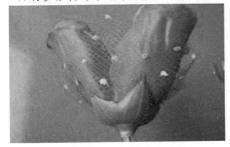

9.将花蒂串联在吸管花枝上

10.红桔梗干花标本即已做成了

生物教学"牵牛花叶标本制作工艺"欣赏

1. 准备三叶形草绿色叶片

2. 将三叶形叶片向内侧折叠

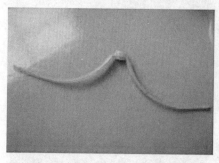

3. 准备中间留有插分枝孔两侧对称 W 形叶枝

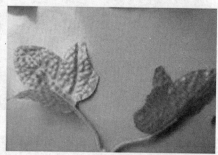

4. 将 W 形叶枝两端与两张对折叠叶片反面粘合

5. 准备多张粘贴好的叶分枝干制标本

6. 准备草绿色花叶树枝状主枝干

7. 准备穗芒状土黄色花心

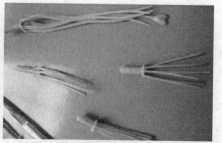

8. 准备多个大小不等的花心

9. 准备内心白色外周紫萝色喇叭形花片 10. 准备内心白色外周天蓝色喇叭状花片

11. 准备朱红色喇叭状花片 　　12. 准备粉红色喇叭状花片

13. 准备大小不等多个齿轮状弧形花蒂　14. 准备一些腊叶花枝器材等待标本制作

15. 将 W 形分枝叶中间孔插入树形主叉枝　16. 将准备好的许多 W 形腊叶分枝孔分别

　　　　　　上固定　　　　　　　　　　　插入空余树形主叉枝头上

17. 将粉红色喇叭形花片串联在花心
吸管枝上

18. 将另三个不同颜色喇叭形花片分别串
联在花心吸管枝上

19. 将粉红色牵牛花朵插入主枝头上固定好　　20. 将朱红色牵牛花也串联在主枝头上

21. 将另两朵牵牛花分别串联在主枝头上　　22. 牵牛花干制花叶标本就做好了

23. 整形牵牛花干制花叶标本　　24. 欣赏生物教学牵牛花干制花叶标本

生物教学"桃花标本制作工艺"欣赏

1. 准备制作桃花干花标本的花心、花蒂、花枝条等材料

2. 准备一些萝红色五星形花片

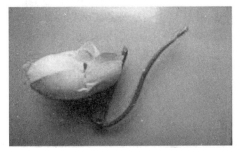

3. 将一些萝红色花片花蒂分别串联在花心管枝头并插入花枝端固定

4. 准备一些粉红色五星形花片

5. 将一些粉红色花片花蒂分别串联在花心管枝头并插入花枝端上固定

6. 准备朱红色五星形一些花片

7. 将一些朱红色花片蒂分别串联在花心

8. 这样新艳的桃花干花标本就已做好了

生物教学"桔梗花标本制作工艺"欣赏

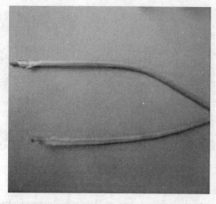 

1. 准备 U 形草绿色塑料电线当作花枝条　2. 准备 V 形树枝头插装一些乳白花
朵树枝中间留有枝孔

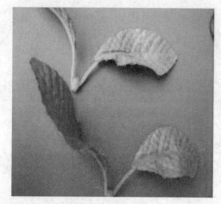 

3. 准备一些 V 形草绿色花枝头粘贴绿叶　4. 准备一些齿轮状圆弧形花心
片枝杈中间留有枝孔

5. 准备一些翠绿色五星弯成弧形花蒂　6. 准备一些四菱形朱红色周边卷曲圆弧状花片

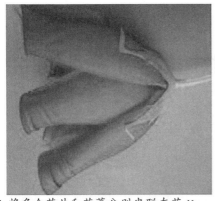

7. 将多个花片和花蒂分别串联在花心
管枝上

8. 将V形两侧粘贴叶片叉枝孔插入红花
朵枝头上

9. 准备一些四菱弧形土黄底色周边灰
白色花片

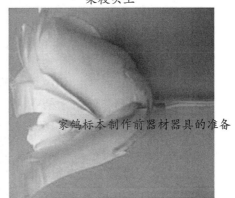

10. 将多个花片和花蒂分别串联在花心
管枝上

11. 将V形叉枝两侧粘贴白花中间孔插
入黄花朵枝头上

12. 这样很漂亮的桔梗干花标本就算做成了

第二章 动物鸟雀实验牧医教学干标本的制作

第一节 动物鸟雀剥皮教学干标本的制作

一、动物鸟雀标本制作前材料准备

1. 原料：新鲜畜禽活体、动物尸体材料等。

2. 辅料准备好剥制器材：解剖盘，量筒，剪刀，解剖刀，镊子，针，线，老虎钳，铅丝，锉刀，干棉花（干稻草、竹丝也可），标签纸，天平，钢卷尺，圆规，假眼，烧杯，电炉，泥，毛笔，肥皂水，梳子、水盆、口罩、石膏粉、樟脑粉、亚砷酸、肥皂、油灰泥、常水等。

3. 包装材料：标本台架、标签牌、玻璃胶、万能胶、清漆等。

4. 原材料准备：

在陆地动物整体剥制标本制作之前，先要准备好新鲜的动物或动物尸体材料、水盆、剥制器材（如：手术器械、义眼、油灰泥、腌皮粉、棉花、丝、清漆、标本台架）及防护用品等。

准备好注射器、刀具、老虎钳、铁剪、铁丝、石膏粉

鸟、禽小型动物类剥制标本防腐剂。配置方法：先将肥皂切成薄片，放入烧杯内，加水并加热，使肥皂迅速溶化，再加适量的亚砷酸和樟脑，并用玻棒不断地搅拌，以免发生沉淀。狗、牛、

动物标本制作前器械的准备

麋鹿等中型动物类防腐剂配方，除亚砷酸量比鸟禽类多一倍外，其余与鸟禽类相同。

二、动物鸟雀教学干标本制作

活鸟、雀剥制标本分为以下步骤。

1. 剥制前的处理：包括标本处死或清洁羽毛，测量和记录。活鸟、雀处死的方法为用捏胸和掩住鼻孔闷死。须待鸟、雀体完全冷却后方能剥制，否则，鸟、雀体内血液未凝

学生学做鸟类剥制标本　　　　美国白肉鸽剥制干式标本

固，一旦解剖，血液就回外流，玷污羽毛，有损于标本。用枪猎的鸟、雀类标本，羽毛上部往往沾有血渍，可用湿棉花拭去，然后在湿羽毛敷上石膏粉，吸收羽毛上的水分。由于羽毛是鉴定标本的重要依据，因此要妥善地加以保护。在剥制前要进行鸟、雀体的测量，如体重、体长、尾长、翼长等。将测量的结果填在记录卡上，作为标本的鉴定依据。体重与体长在剥制后无法补量，必须在剥制前测量好。

2. 剥皮：初次剥制时，往往有撕裂皮肤、羽毛脱落的现象，但只要细心钻研，努力按以下顺序和方法，是不难剥制的。

3. 剖胸：剥制有胸开法和腹开法两种现介绍胸开法剥制胸皮。把鸟、雀体仰放在桌上，从胸部正中把羽毛左右分开，露出皮肤，用解剖刀沿着鸟、雀胸的中央切开，以见肉为度，切口自咽下至前腹止。在切口初的羽毛和上皮撒些石膏粉，以防羽毛沾粘，然后把胸皮向左右剥开，至肋部。

4. 扎嘴：自两鼻孔间穿一线，把嘴扎牢。线头留得长些，以后需用这条长线把头部拉出。

5. 剪颈：尽量曲颈，使颈凸出于剖开的皮外，用剪刀把颈部剪断，这样头颈和身体就分开了。

6. 剥翼：将鸟、雀肩的皮向下剥离，直至两翼的基部，将上臂连骨带肉剪短后，推出来，把皮剥到尺骨的近端时，用拇指指甲紧靠尺骨，刮离附于尺骨上的雨根，然后将肌肉和蛸骨剪去，保留尺骨。

7. 剥后肢：

继续剥离体侧的皮肤，使后肢股部与阱部露出，将附在阱部远端的肌腱剪断，剔除排骨，只保留胫骨。另提只后肢剥法同。

8. 剥背腰部：继续剥背部和腰部皮肤，剥腰部的皮肤时，要特别仔细，尤其是鸽形目的鸟、雀类，腰部的皮极容易剥破。

9. 剥尾部：剥到尾部时，在泄殖孔和尾脂腺附近要特别谨慎。最好在尾部，将尾综骨剪短，小心地去除附着的肌肉。再剪去尾脂腺。

10. 剥头部：清除颈部皮肤的结缔组织，翻出颈，直到头后部也剥出来。剥到耳孔时，容易撕裂，剪刀头朝头骨方向剪，就可以避免剪破耳孔。剥至眼睛周围时，用解剖刀仔细地割开，此时最好要小心，不要伤及外皮，直到剥至嘴基部为止，将眼球挖出。剪去后脑壳，弃去脑，肌肉和舌，保留橡，前脑壳，眼眶骨。

11. 涂防腐剂：把皮下脂肪去干净后，在皮和骨的部分用毛笔涂上一层制作鸟、雀类标本的防腐剂。注意：亚硝酸很毒，用时必须小心，勿让药物侵入伤口或误入口内，图药后须将手洗净。

12. 装假眼：将买来的玻璃假眼，其后面连着铅丝穿入眼眶内，使半圆形的假眼嵌入眼窝，以代替眼球。如无假眼，用棉花球填入眼。翼部复原：在翼部的尺骨上卷上棉花条，使保持原形。拉住鼻孔间这条线把头部引出。

美国肉用大白鸽（雌、雄）整体剥制陈列数学标本   一对家鸽整体剥制牧医教学陈列标本

13. 制作假体：一种是卧态标本，用一条铅丝，卷上棉花，一端削尖穿入头骨顶端，另一端达到尾综骨。这一条代替中轴骨的位置。另一种是姿态标本，通常用两条铅丝综合，使其中一条卷上棉花，穿入头骨顶端，另两条穿入后肢，并在腿部、胫部卷上棉花。

14. 填棉花：把支架装好后，填适量棉花，注意两翼尺骨，要放在体内近中央的棉花上，再另加棉花塞住，勿使骨随翼脱出，保持两翼紧贴体侧。填装棉花是剥制标本的重要一环，不但要剥制技术熟练，并且还要熟悉鸟、雀在野外的生态，这样做好的标本，才能显得栩栩如生。

雄孔雀开屏整体剥制牧医教学及陈列标本

15. 缝合：棉花填好后，把腹面切开的皮拉拢，检查一遍，当填棉适量，鸟、雀体大小合适时，就可引线穿针缝合。逢的针口不能离切口太近，以免拉破皮肤。如是姿态标本，就可把标本固定在展板上。

市电视台报道师生共制牧医标本

16. 整形：将羽毛整理好，姿态标本应尽量模仿自然状态。

鱼鹰展翅干式标本应用解剖教学

第二节 动物鸟肺气囊铸型教学干标本的制作

一、动物鸟器官铸型器材的准备

1.原料：新鲜畜禽内脏器官如心、肝、脾、肺、肾等材料。

2.辅料：注射器、水盆、有色塑料溶液、丙酮溶液、油画颜料、松节油溶液、粗盐酸、氢氧化钠、腐蚀桶、水浴锅、耐酸耐碱乳胶手术、口罩等。

3.包装材料：有机标本缸、标本台架、标签牌、有机玻璃罩等。

4.原材料准备：在动物铸型干式标本制作之前，先要准备好新鲜的动物内脏器官、有色液体塑料、电热水浴锅、灌注器械、腐蚀存贮器具、洗涤用具及防护用品等。

灌注及防护器材的准备　　　　　　动物脏器及材料的准备

二、动物鸟器官铸型教学干标本的制作

1.灌注与腐蚀

将水浴锅加热至水温为 70～80℃，把 25% 塑料颗粒、75% 丙酮溶液和油画颜料溶化成有色液体塑料。并放在水浴锅内温热到水温达到 70～80℃时，随时取出进行热塑液灌注。在动物铸型标本制作时，取注射器抽取瓶内的温热液体塑料，迅速趁热注入动物脏器血管内或管道腔内。为了使动物脏器的血管及管道分支界限明显，脏器材料的动脉管腔常用朱红油画颜料配制的液体塑料灌注，脏器材料的静脉管腔

兔肺支气管树及犬肝门静脉铸型解剖教学标本

常用普蓝油画颜料配制的液体塑料灌注，肾脏上的肾盂常用铬黄油画颜料配制的液体

塑料，从肾门外输尿管道灌注。每次灌注完毕后，将注射器内剩余的液体塑料立即注入储存瓶内，把注射器浸没在丙酮溶液或松节油溶液内初步洗净，才可以存放。

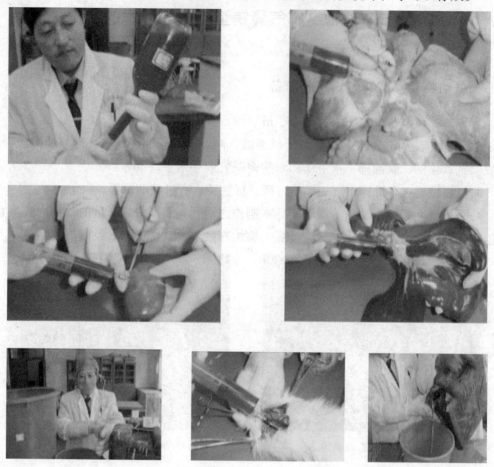

对动物脏器材料做好有色塑料灌注和防护准备工作，倒入粗盐酸对材料进行腐蚀

2.洗涤与保存

标本腐蚀后，用灌肠器装满自来水，下端接通细胶管。将标本材料上的残弃组织通过胶管细水流动，对腐蚀标本进行冲洗干净。即可观察其器官的血管及管道被塑料铸成的彩色形态，并能看到肺脏分叶的轮廓和肾动脉与肾盂的解剖构造。肺分叶铸型干式标本，上端是气管。两侧是肺叶，肺左叶，肺右叶，肺左右两侧都有：

缓慢洗涤腐蚀好的动物脏器材料

尖叶、心叶、隔叶。右肺内侧还有一个副叶；肾动脉和肾盂铸型标本，红色塑料表示肾动脉，黄管塑料表示输尿管，肾门内黄色塑料表示肾盂。肺、肾铸型标本制成后就

可以装架陈列了。

3. 小结

动物铸型干式标本制作标本有许多优点：将动物原材料采集后，进行热塑料液灌注、腐蚀、洗涤与保存。干制标本封装卫生、清洁、色彩较好，携带、操作及使用都很方便，随时需要随时可取，用后既不污染空气及环境卫生，又不影响老师和学生的学习与健康。它不仅能克服传统浸制标本操作与取放中的种种不良缺陷，还能保持材料的原有形态、有色彩、有光泽，使用与取放方便、无刺激气味、清洁卫生，对人体健康无害等优点。干制标本在教学中推广应用与检测，将会给实践教学产生一定的促动影响，起到积极的推动作用。铸型标本又称腐蚀标本，就是通过向家畜某一器官的内腔、血管或排泄管灌注某种可塑性的材料，使其在腔道中模塑成型，然后用强酸腐蚀、自然腐败或解剖的方法，将器官组织除去，这样所遗留下来的就是该器官腔道的铸型。它能清楚地反映器官的内腔或其血管和分泌管的分枝及分布，因此是形态学研究工作中所经常采用的一种技术。制作铸型标本的材料大致可分冷塑性的和热塑性的两类。前者如无色塑料颗粒、火棉胶、过氯乙烯树脂、甲基丙烯酸甲酯、有色乳胶等；后者如松香蜡合剂和某些低熔点合金。在实践上，冷塑性材料应用较广，尤其对管道细小、分枝密度大的器官，如肾、肝、胰等器官的血管和管道；热塑性材料则主要用于塑造大口径管道和某些器官的腔室如肾盂、心腔、脑室、头窦等。

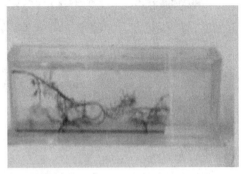

苗猪前肢动脉血管铸型解剖教学标本

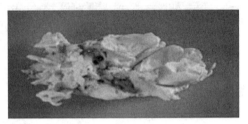

动物鸟肺和几个鸟气囊实验教学干标本
（腹侧面）

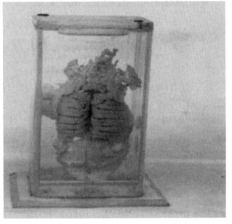

动物鸟肺和几个鸟气囊实验教学干标本
（正面）

三、师生共制动物家禽铸型教学标本现场操作（一）

1. 鸭材料放血致死用防腐清洗液处理

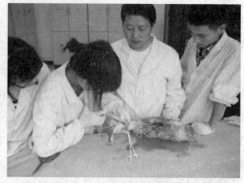
2. 从鸭颈和心血管注入红绿黄色塑胶液

3. 从鸭喉气管注入络黄色塑胶液

4. 完成鸭骨架全身脏器塑料铸型作品

5. 师生参与江苏省高校组大学生创新创业职业技能大赛荣获荣誉证书

四、师生共制动物家禽铸型教学标本现场操作（二）

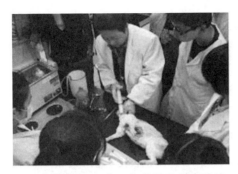

6. 兔材料放血致死水浴锅温热塑胶液

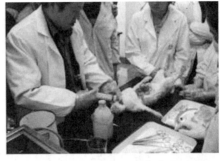

7. 准备脏器血管灌注有色塑液器材

8. 用络黄塑胶液将兔气管肺肾盂器官铸型

9. 用朱红塑胶液将兔颈心动脉器官铸型

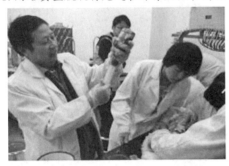

10. 用湖蓝塑胶液将颈心静脉血管器官铸型

11. 用绿色塑胶液将兔心肝静脉管器官铸型

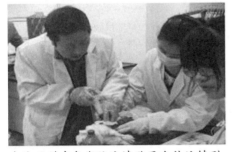

12. 先浓后稀有色塑胶液填满再次补注铸型

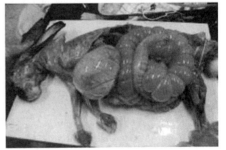

13. 兔消化道胃肠膀胱等器官形态固定铸塑

五、师生共制动物家禽铸型教学标本现场操作（三）

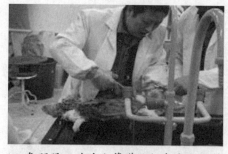

14.兔颈股心动脉血管灌注红色塑胶液铸型　　15.经腐蚀清理修补完成兔全身血管铸型作品

16.组织学生制作一整套解剖实训教学标本　　17.指导学生制作标本缸编号组装铸塑标本

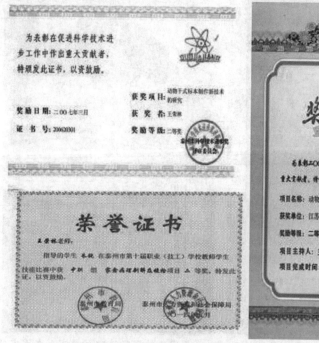

18.动物解剖教学有色铸塑干制标本师生研制多次参赛荣获荣誉证书

六、鸟类标本欣赏

1. 白尾画眉标本

2. 白冠长尾雉（公）标本

3. 戴胜鸟标本

4. 翅燕标本

5. 草鹭标本

6. 翅燕展翅标本

7. 杜鹃标本

8. 丹顶鹤标本

9. 短耳鸮标本

10. 非洲鹦鹉标本

11. 黑背燕尾等鸟标本

12. 冠鱼狗标本

13. 红嘴相思鸟标本

14. 红胸啄木鸟剥制标本

15. 虎皮鹦鹉剥制标本

16. 画冠卷尾立枝标本

17. 虎纹伯劳鸟标本

18. 红腹锦鸡标本

19. 鹧鸪标本

20. 折衷鹦鹉标本

21. 黑天鹅鸟雀标本

22. 小鹰标本

23. 野水鸭标本

24. 孔雀仙鹤火鸡等标本

25.鹌鹑标本

26.八哥标本

27.白尾画眉标本

28.白冠长尾(母)雉标本

29.喜鹊标本

30.雌蓝孔雀标本

第三节　动物鸟骨骼教学干标本的制作

一、动物鸟骨骼干标本制作前准备

1.工具：解剖刀、解剖剪、镊子、钻子、漂骨骼缸、两面玻璃骨骼盒、注射器。

2.材料：氢氧化钠、胶乳、漂白粉、过氧化氢、汽油。

3.准备工作：

（1）熟悉骨骼的位置和形态：制作前最好先熟悉一下所制动物骨骼的位置和形态。这样，剥肉时心中有数，可避免造成损失，同时也便于以后按鸟类原来的姿态串接骨骼。

（2）取材：挑选骨骼完整，适于制作的成年动物，最好是活的材料。

（3）杀死：最好采取放血的方法，使之致死。处死后的动物，应立即进行剥制，若时隔过久会引起韧带腐烂，骨片散失，增加安装时的麻烦。

二、动物鸟骨骼教学干标本的制作

1.先将大块肌肉剪去，要特别注意保存容易疏忽的骨片，从头骨的枕骨大孔处取出脑髓，用一条粗铅丝穿入脊椎骨的神经管内，去除脊髓。然后将骨骼浸泡在温水中，细心地把附于骨骼上的肌肉、结缔组织一点一点剪除干净，方可以进行下一步操作。

1.准备铁丝棉花剥制器材

2.用1%或5%氢氧化钠腐蚀。根据具体情况选用，如不急用，可用1%氢氧化钠溶液浸泡，时间长，作用慢，在室内温度较高情况下，速度会加快，要每天检查骨骼上残留结缔组织是否被腐蚀干净，关节是否会脱开，基本上干净就可放入清水中洗涤，经多次，直到氢氧化钠全去净即可晾干。

3.漂白剂用3%过氧化氢，浸一周左右。

4.晾干与整形是同时进行的，在未干前，用外扎有白线的粗铅丝穿入头与脊柱，并在

2.准备好剪钳等器材

体中心支撑一条铅丝或玻棒，骨骼的姿态尽量自然相似，待干后，装入大白鸽标本盒内长期保存。

5.分步制作顺序

（1）剥皮：将杀死的动物，切开腹部，剥掉皮毛。

（2）挖去内脏：沿腹部正中线剪开，挖去全部内脏，然后用水冲洗干净。

（3）将各部位骨骼分开：切断肩关节，取下前肢；切断股关节，取下后肢；在头骨和胸椎处取下颈椎。全身骨骼共分成七段。

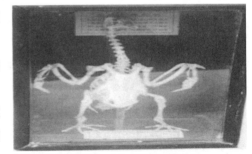

3 动物白鸽全身骨架干标本

（4）剥躯干段肌肉：用解剖刀尖从背部脊椎切开肌肉，再向腹部剖割，将肌肉和骨骼分开。

（5）剥前后肢骨肌肉：剥净上膊骨、尺骨、桡骨和掌骨上的肌肉。注意保留掌骨和指骨。

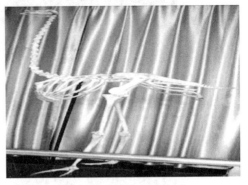

4 动物鸵鸟骨架干制标本

（6）剥净头骨肌肉：挖掉眼球，剥净头骨上的肌肉，取出下颌骨，用水冲净脑颅腔内的脑髓。

（7）剥颈椎的肌肉：将颈椎骨骼上的肌肉剔净，再用粗线把各块颈椎连接起来。

（8）在骨骼上钻孔：前肢骨的上膊骨、尺骨、桡骨，后肢骨的股骨、胫骨等，由于漂液难以渗透到密封着的骨髓腔内，所以需要在骨上钻孔，使漂液侵入。钻孔的深度以漂液能达到骨髓腔内就成。

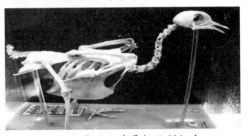

5.动物蛋用仔鸡骨架干制标本

（9）冲掉骨髓：将注射针头分别插入骨骼上的钻孔内，注入漂液把骨髓腔内的骨髓冲掉。

（10）用热漂白粉溶液烊去尚未除净的碎肌肉：取一只大烧杯，内盛2%漂白粉水溶液，加热至70～80℃，用夹钳住骨骼放入热漂白粉水溶液内以烊去碎肌肉，并且用牙刷

6.动物江苏种鸭骨架干制标本

刷去附在骨骼上的残余碎肌肉。肌肉除净后洗净，然后放在阳光下晒干。

（11）脱脂：将晒干的骨骼浸入汽油内脱脂，时间约7～10天。浸泡时间的长短，随标本的大小和当时的室温来决定。动物骨骼体小或天气暖和的时间短1～2天。

（12）漂白：将以脱脂的骨骼，浸入过氧化氢稀释液中漂白，时间5～6天。待骨骼

洁白时，就可取出洗净，再放在阳光下晒干。

（13）装置：在未装之前，事先应备好盛标本的木盒或纸盒。盒的大小必须能装下标本的抽板，盒的前后两面装上玻璃，以便于观察。标本要装在抽板上，必要时可以把标本抽出盒外，以便仔细观察。装置前还应对骨骼做一次修饰工作。散了的小骨片，可用乳胶将其粘好。所有的骨骼都要按原来的自然位置安装好，然后再固定于抽板上，放入盒内。

三、大学生参加泰州市创新大赛师生共制鸭骨架器官铸型教学标本

1. 鸭材料放血后用防腐清洗剂清血管　2. 将鸭血管腔内填充有色塑性胶液

3. 去掉皮毛肉膜骨骼器官干制分组安装　4. 铸型器官连鸭骨架安装台架和玻璃义眼

5. 鸭作品修补着色展翅造型装手提绳　6. 鸭作品教学标本制成后装好标志牌

 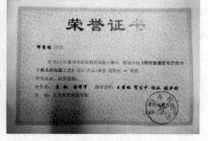

7. 鸭骨架器官铸型标本用于实训教学　8. 鸭骨架器官铸型标本获市创新赛一等奖

9. 会师生共制鸭骨架器官铸型教学标本作品参加泰州市创新大赛展示现场

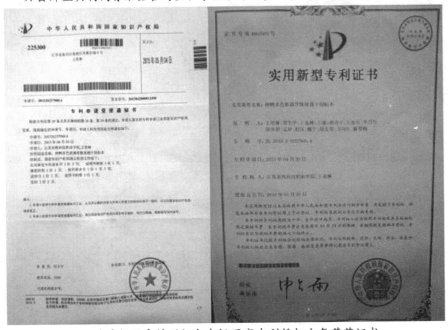

10. 鸭骨架器官铸型标本申报国家专利授权十年荣获证书

四、鸟类标本欣赏

1.画眉标本

2.黑背燕尾标本

3.画冠卷尾标本

4.画眉锦鸡山燕鸟标本

5.画眉站立标本

6.灰椋鸟标本

7. 灰腹橘标本

8. 环颈雉鸡标本

9. 画眉和鹏鹕标本

10. 红胸啄木鸟标本

11. 黄鹂鸟标本

12. 灰云雀标本

13. 蓝翡翠鸟标本

14. 鹏鹕标本

15. 牡丹鹦鹉标本

16. 金刚鹦鹉标本

17. 家鸽展翅标本

18. 灰喜鹊标本

19.观赏鹅标本

20.白鹇（银鸡）标本

21.黑脚信天翁鸽标本

22.黑脸山鸭标本

23.灰喜鹊标本

24.鸡尾鹦鹉标本

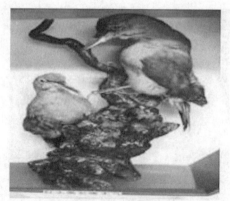

25. 红头黑怎啄木鸟标本

26. 黑脸山鸭标本

27. 家鸽标本

28. 灰腹橘鸟标本

29. 企鹅标本

30. 群鸟雀标本

第四节　动物家鸽剥皮教学干标本的制作

一、动物家鸽材料的准备与处理

1.药品：三氧化二砷粉末剧毒，有防腐功能、明矾具有防腐硝皮作用、樟脑粉具有防虫防蛀作用、硼酸有防腐作用、石炭酸有消毒防腐作用，可防止残留肌肉变质等。

2.防腐腌皮粉的配制：(1)三氧化二砷防腐粉：三氧化二砷、明矾、樟脑研成粉末，混匀即可。(2)硼酸防腐粉：硼酸粉、明矾粉、樟脑粉混匀即可。

3.工具和材料：(1)工具：解剖刀、镊子、剪刀、骨剪、钢丝钳、台钳、榔头、电钻、

家鸽标本制作前器材器具的准备

钢锯等。(2)材料：石膏粉或滑石粉、铅丝、棉花、竹丝、麻刀、棕、玻璃义眼、针线、标本台、树枝、标签等。

4.鸽子的处死：(1)鸽子胸部压迫法：使其无法呼吸，心跳而死亡。(2)空气针法：从鸽子翼部内侧肱静脉中注入少量空气，阻断血液循环，使其死亡。

二、动物家鸽教学干标本的制作

1.将鸽子置于桌上，胸部向上，头部向左。分开胸部的羽毛，露出裸毛区，由胸龙骨前部的凹陷处开口，沿皮肤直剖至胸龙骨中央。开口长度应比鸽子的胸宽稍大。初学者开口可适当加大一些，但不宜过大。开口的前端应露出颈部，然后用解剖刀沿鸽子胸部的皮肤和肌肉之间剥离，直剥至胸部两侧的腋下。在剥皮的过程中要经常撒一些石膏粉在皮肤内侧和肌肉上，以防止羽毛被血液和脂肪沾污。用剪刀在靠近胸部处将鸽子的颈部及食管、气管一起剪断。

2.将鸽前后肢的肩关节和膝关节骨连结断开掉，并在肩关节处将肱骨与鸽子体分离。向背部剥离，直至腰部。在剥腰部时要背腹面同时进行，当两腿显露时，要将皮肤一直剥至跗跖骨之间的关节处，去掉胫骨上的肌肉，并在胫骨上端关节处剪开，使胫骨与鸽子体分离。

3.向尾部剥离时，剥至泄殖孔时要用刀把直肠基部剪断；剥至尾部时要将尾脂与皮肤完全分离，并用剪刀在尾综骨末端剪断。剪断后内侧皮肤呈"V"字形，注意不要

把尾羽的羽轴根剪断，头部以防止尾羽脱落，这时躯体肌肉与皮肤已完全分离。

4. 随后进行翼部皮肤的剥离，先将肱骨拉出剥至尺骨。在展翅时，飞羽失去支撑就会下垂，无法使飞羽张开。因此在做展翅标本时，要在尺骨内侧切开皮肤，将尺骨、桡骨上附着的肌肉去除后，再沿皮肤切口缝合。

5. 最后进行头部的剥离。先拉颈部使颈部的皮肤向头部翻过，逐渐剥离露出枕骨。这时在枕骨两侧会出现呈灰褐色的耳道，用解剖刀紧靠耳道基部将其割断，在枕孔周围，用剪刀将枕孔扩大，并剪下颈部。同时沿下颌骨两内侧剪开肌肉，拉出鸽子舌，将头部肌肉剔除干净。用镊子从扩大的枕孔中伸进颅腔；夹住脑膜把脑取出。这样，整个剥离过程就完成了。

动物鸽子干标本用作于牧医实验教学

6. 有些鸽子头大颈细，头部骨骼无法从颈部皮肤中翻出时，可先剪除颈项，然后从外部沿枕部剖开一小口将头骨从小口中翻出，挖出耳道、去除眼球肌肉等。做完除腐处理，安装完义眼后，再将小口缝合即可。鸽子体剥好后应再检查一遍，将附在皮肤上的肌肉、脂肪等清除干净，刷去剥制过程中撒在皮肤上的石膏粉。

7. 鸽子类躯体经剥皮后，其皮肤内侧必须马上进行防腐处理。在防腐处理过程中，逐渐将把有羽毛的一侧翻回到体表，恢复原形。

8. 鸽子支架制作及安装：填充前，应先在鸽子体内安装支架以便支撑鸽子体。支架用铅丝制作，铅丝的粗细视鸽子体长大小而定。取两段鸽腿支架铅丝，一段为鸽子喙到躯体长度的二倍，另一段较前者长5~6厘米，两段铁铅丝弯制成支架。绞合时要对齐，短者铅丝绞合处的长短以鸽子喙到鸽子胸骨前端长为准。支架制成后将四个端点用钳子斜剪一下形成一个锐尖，并在鸽支架上缠上棉花，粗细比原颈部略小。将鸽腿支架两端分别从两脚胫骨与蹠跖骨关节间的后侧，向脚跟方向插入，由脚掌部穿出，同时将腹腰后端插入尾部，由尾部腹面中央穿出，以支撑尾羽。在义眼背面用油画色涂上相应颜色，然后再熔一点石蜡将颜色盖上。

9. 鸽子类标本的填充：将已安装好支架的鸽子皮仰放于桌上，首先在支架下面填充棉花或竹丝等，顺次为尾、腰、背。在背部填充时一定要保持填充物的平整，填充厚度约为胸高的1/3左右，这样才能使制成的鸽子体标本不致背部凹凸不平和有铅丝支架的痕迹。填充的总体原则是要使标本符合原来鸽子的生态，所以在做鸽子标本前最好要多观察，对鸽子的各部分位置，如颈长、身长、翼长、翅尾之间长度等要先量好，并做记录，以做参考。填充后要将鸽子体的开口缝合，填充工作就完成了。

三、动物家鸽实验牧医教学干标本制作步骤图示

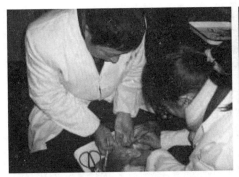

1. 从灰鸽腹下切口处剥离皮肤

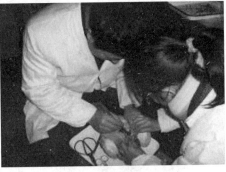

2. 从灰鸽腹下切开 12cm 长切口

3. 用手术刀刮去皮下脂肪

4. 鸽前肢臂骨外翻分离翅皮

5. 从腹下将胸肌上的皮肤剥去

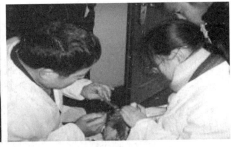

6. 将颈胸部鸽皮剥离

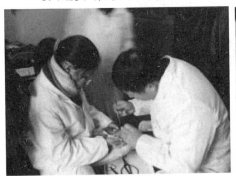

7. 将鸽头皮剥离掏出脑浆

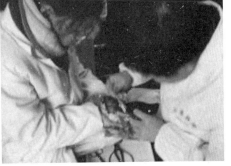

8. 小心剥离鸽面皮

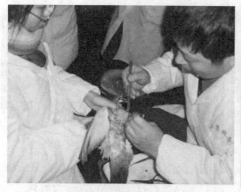

9. 用手术刀剥离颈胸部鸽皮

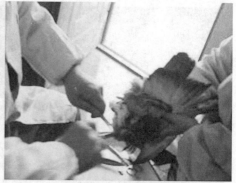

10. 用棉花将鸽腔的残液吸出

11. 取出鸽皮下残肉

12. 将鸽胸肌内翻后刮净皮肌

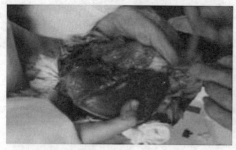

13. 小心剔除鸽腰背上的残肉

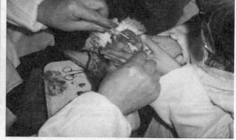

14. 用干纱布擦拭血迹剔去臂肌

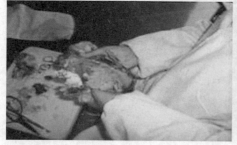

15. 用手术刀剥去鸽腹尾部被皮脂肪

16. 用棉花拭擦切口血液

17. 将鸽头骨上残肉剔除

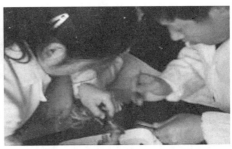

18. 小心剥离鸽头颈被皮上残肉

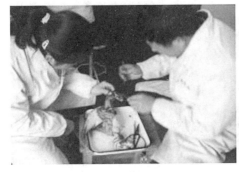

19. 将灰鸽头颈部皮下脂肪小心剔净

20. 将灰鸽头骨上颈椎剥去

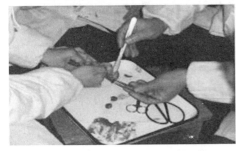

21. 用手术刀刮取鸽头上残肉

22. 从切口内取出灰鸽腔的残液

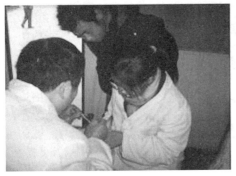

23. 分离鸽颅腔内外异物

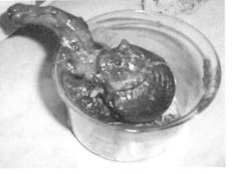

24. 把鸽肉放入污物玻杯里贮存

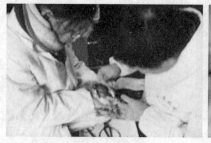

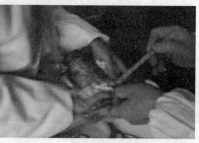

25. 用手术刀内翻剥去胸颈皮肤

26. 用手术刀剥去颈椎外皮肤

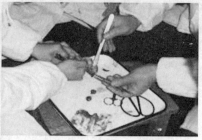

27. 剔除鸽头上的残肉

28. 用手术刀取出鸽头上眼睛

29. 将支架顶端插鸽前肢翅皮内

30. 将主支架插鸽颈头内整形

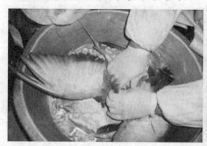

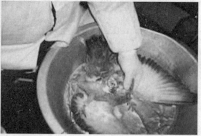

31. 在鸽两后脚和全身皮下用腌皮
　　防腐粉反复涂洒

32. 在鸽头皮下用腌皮防腐粉反复擦涂

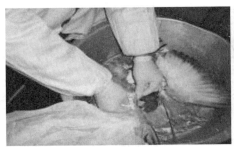

33. 用腌皮粉把鸽翅皮下擦涂

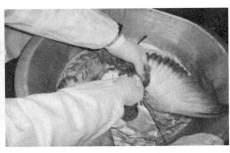

34. 用腌皮粉把胸腹尾皮下擦涂

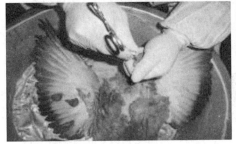

35. 在鸽头腔内用油灰泥填满

36. 鸽翅脚尾皮下用油灰泥填充

37. 铁丝支架装入鸽前、后肢内

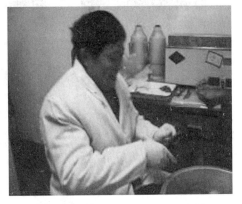

38. 将铁丝插入鸽尾根皮内固定

39. 将翅脚上铁丝与主支架固定

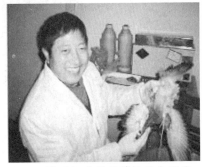

40. 鸽两翅及尾羽蓬松均匀固定

41. 在鸽颈部皮下用油灰泥填充

42. 在鸽头颅腔内用油灰泥填满

43. 在鸽眼眶内油灰泥装玻璃眼

44. 在鸽翅臂切口腔内取出残肉

45. 鸽标本制好后装架整形

46. 鸽标本双翅飞翔姿态干制保存

47. 家鸽干标本飞翔姿态整形

48. 鸽标本装台架展翅永久保存

四、鸟类标本欣赏

1. 雀鹰标本

2. 三宝鸟标本

3. 石鸡标本

4. 松鸦标本

5. 牛背鹭标本

6. 企鹅标本

7. 蚁烈鸟标本

8. 云雀标本

9. 一对鸳鸯标本

10. 一对翠鸟标本

11. 太平鸟标本

12. 松鸦标本

13. 鹙鹠标本

14. 群鸟标本

15. 群鸟鹤鹅等观赏标本

16. 石鸡标本

17. 家鹅标本

18. 家鸭标本

第五节　动物珍鸟禽剥皮教学干标本的制作

一、动物珍鸟禽干标本制作前准备

1. 器具准备：

（1）解剖刀：用来剥禽皮和剥肌肉。

（2）解剖剪：用来剪断肌肉和软组织，

（3）断骨剪：用来切断粗大或坚硬的骨骼。

（4）镊子：用来夹取剥制时所需要的东西。镊子种类很多，形状有曲、直的不同。

（5）钳子：预备两种，一种是尖头的，用来折转铁丝；另一种是老虎钳，用来折转或切断铁丝。

（6）填充器：用来拨弄标本体内的填充物。

（7）除脑器：是像一根大的耳挖一样的工具，用来挖掉脑髓。

2. 药品准备：

（1）明矾末：可在中药店买到，或自行研成细末，用来涂在禽皮里面，可防止羽毛脱落。

（2）樟脑：是预防虫蛀标本的特效药品，保存标本时必须使用。

（3）防腐剂：是剥制标本较适用的防腐剂。在配制时，先把肥皂切成小片，加水煮成糊状，然后加入杀虫子粉，搅拌均匀，最后加入樟脑末搅匀。此药毒性很大，用时必须小心，勿让药品浸入伤口或口中，涂药后必须将手洗净。此外，也可以用肥皂、石灰粉、明矾末等混合制成防腐剂，使用时没有什么危害。

二、动物珍鸟剥皮教学干标本的制作

(一) 动物珍鸟剥皮干标本制作过程

鸟类的剥制标本制作分四个步骤。

（1）剥制前的处理：包括标本处死或清洁羽毛，测量和记录。活鸟处死的方法，用捏胸和掩住鼻孔闷死法。须待鸟体完会冷却后方能剥制。否则，鸟体内血液未凝固，一旦解剖，血液就会外流，沾污羽毛，有损于标本。用枪猎的鸟类标本，羽毛上往往沾有血渍，可用湿棉花揩去，然后在湿羽毛上敷上石膏粉，吸收羽毛上水分。由于羽毛是鉴定标本的重要依据，因此要妥善地加以保护。在剥制前要进行鸟体的测量，如体重、体长、尾长、翼长、跗跖长等。将测量的结果填在记录卡上，作为标本鉴定的依据。体重与体长在剥制后无法补量，必须在剥制前测量好。

（2）剥皮：初次剥制时，往往有撕裂皮肤、羽毛脱落的现象，但只要细心钻研，努力按以下顺序和方法，是不难剥制的。

①剖胸：剥制有胸开法和腹开法两种，现介绍胸开法剥制胸皮。把鸟体仰放在桌上，从胸部正中把羽毛左右分开，露出皮肤，用解剖刀沿着鸟胸的中央切开，以见肉为度，切口自咽下至前腹止。在切口处的羽毛上上皮下撒些石膏粉，以防羽毛沾粘，然后把胸皮向左右剥开，及至肋部。

②扎嘴：自两鼻孔间穿一线，把嘴扎牢。线头留得长些，以后需用这条长线把头部拉出。

③剪颈：尽量曲颈，使颈凸出于剖开的皮外，用剪刀把颈部剪断，这样头颈和身体就分开了，将鸟肩部的皮向下剥离，直至两翼的基部，将上臂连骨带肉剪断后，推出来，把皮剥到尺骨的近端时，用拇指指甲紧靠尺骨，刮离附于尺骨上的羽根，然后将肌肉和桡骨剪去，保留尺骨。

④剥后肢：继续剥离体侧的皮肤，使后肢股部与胫部露出，将附在胫部远端的肌腱剪断，剔除腓骨，只保留胫骨。另一只后肢剥法同。

⑤剥背腰部：继续剥背部和腰部皮肤，剥腰部的皮肤时，要特别仔细，尤其是鸽形

目的鸟类，腰部的皮极易剥破。

⑥剥：清除颈部皮肤的结缔组织，翻出颈，直到头后部也剥出来。剥到耳孔时，容易撕裂，剪刀头朝头骨部方向剪，就可以避免剪破耳孔。剥眼睛周围时，用解剖刀仔细地割开，此时最要小心，不要伤及外皮，直到剥至嘴基部为止，将眼球挖出。剪去后脑壳，弃去脑、肌肉和舌，保留喙、前脑壳、眼眶骨。

⑦涂防腐剂：把皮下脂肪去干净后，在皮和骨的部分用毛笔涂上一层制作鸟类标本的防腐剂。注意：亚砷酸很毒，用时必须小心，勿让药物侵入伤口或误入口内，涂药后将手洗净。

⑧装假眼：将买来的玻璃假眼，其后面连着铅丝穿入的眼眶内，使半圆形的假眼嵌入眼窝，以代替眼球。如无假眼，用棉花球填入眼眶。

⑨翼部复原：在翼部的尺骨上卷上棉花条，使保持原形。拉住鼻孔间这条线把头部引出。

（3）制作假体：

①做支架：一种是卧态标本，用一条铅丝，卷上棉花，一端削尖穿入头骨顶端，另一端达到尾综骨。这一条代替中轴骨的位置。另一种是姿态标本，通常用两条铅丝综合，使其中一条卷上棉花，穿入头骨顶端，另两条穿入后肢，并在腿部、胫部卷上棉花。

②填棉花：把支架装好后，填适量棉花，注意两翼尺骨，要放在体内近中央的棉花上，再另加棉花塞住，勿使骨随翼脱出，保持两翼紧贴体侧。填装棉花是剥制标本的重要一环，不但要剥制技术熟练，并且还要熟悉鸟在野外的生态，这样做好的标本，才能显得栩栩如生。

③缝合：棉花填好后，把腹面切开的皮拉拢，检查一遍，当填棉适量，鸟体大小合适时，就可引线穿针缝合。缝的针口不能离切口太近，以免拉破皮肤。如是姿态标本，就可把标本固定在展板上。

（4）整形：将羽毛整理好。姿态标本应该是尽量模仿自然状态。

（二）动物珍禽教学干标本的制作步骤图示

1. 准备好体型中等良种丝毛鸡

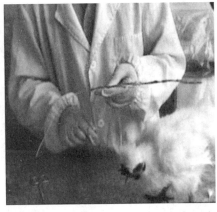

2. 准备铁丝支架插入鸡翅膀后肢内固定

3. 双手用力按压鸡肺部使鸡致死

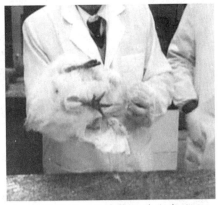

4. 用手拉转鸡头颈椎使鸡快速致死

5. 将躯翅内和后肢皮下肌肉剔除干净

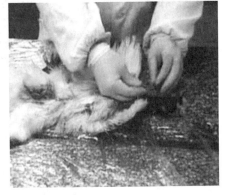

6. 用腌皮防腐粉对鸡皮下的头骨腌制

7.用腌皮粉将鸡体皮内进行腌制

8.用油灰泥将鸡眼眶内空隙填满

9.选用合适义眼分别装入鸡两侧眼眶

10.准备好铁丝架对鸡体起着支撑作用

11.把铁丝架顶端插入鸡枕骨孔内固定

12.支架顶端分别插入鸡翅膀后肢内固定

13.装台架整形后丝毛鸡标本就做成了

14.动物解剖乌骨鸡干制解剖陈列标本

三、动物珍禽剥制教学干标本的制作

珍禽每年秋季换羽，若在换羽之前制作珍禽的干式标本，则难以正确表现其形态特征。因此，在其完全换羽之后制作剥制标本最好。

珍禽的宰前生态观察，要注意雌雄珍禽习性和行为表现，作为设计标本的姿势形态的参考，并记录其主要特征：如镜羽状态、虹彩及耳面色泽等。

在宰杀时主要注意勿使血液污染羽毛和损伤羽毛，宜用口内宰杀法，并待珍禽死后保定者方可松手。

在珍禽剥皮之前，先用棉花球将泄殖腔和口腔堵塞，以免污物溢染污羽毛。剥皮时，自胸骨下方沿腹部中线至泄殖腔的前方将皮肤切开。注意只切开皮肤，切勿割破腹部的肌肉层，以免腹腔液体流出染污羽毛。然后向两侧剥离。剥至腿部时，以手握珍禽腿的跗跖部，向切口的方向倒推出来，剥离股部与胫部周围皮肤，剪断膝关节，使珍禽脚与躯体脱离。由此向尾部剥皮，把尾基部周围的皮肤剥离后，在尾综骨基部剪断，尾部便脱离躯体。用吊钩钩住尾椎骨，将珍禽的躯体倒着悬挂起来，从上往下细心地剥离背部皮肤。剥至珍禽翅时，将其由切口内推出，剪断臂骨与前臂骨的关节，使翅膀脱离躯体。继续住下剥离颈部，直至头的后缘。

当剥至珍禽头部两侧暗白色的部分为珍禽的耳，此处容易剥破，需一手用镊子夹住皮肤，轻轻向外提拉，同时另一手用小解剖刀细心剥离。剥至眼部时，不要刮破眼睑，用镊子夹断眼窝底部的视神经，将眼球挖出来。将舌自口腔拔出，再用一小匙或直接用棉花球将珍禽脑清理出来。

在制作珍禽模体和支架时，依照剥出珍禽的肉体躯干形状，用细麻线缠紧。其大小约为肉体躯干的三分之二，作为珍禽的模体。用直径约2cm的铁丝两根作为珍禽腿的支架，其长度是珍禽腿长的两倍，另取同样粗细的铁丝一根，其长度约为由喙至躯体后端长度的两倍，作为头部的支架。再取直径约1mm的铁丝两根，每根长是珍禽翅长的两倍，作为两翅的支架材料。所用作支架的铁丝两端均要锉尖。

珍禽被皮的内侧面涂一层亚砷酸肥皂膏。尾部剪断处、头部及软骨处要多涂抹些。取用做珍禽腿支架的铁丝，由趾底穿入铁丝经距骨的后侧，由胫骨的后侧穿出。将铁丝和胫骨用线绑在一起，其周围缠裹上棉花，并用线绑住，以代替剥去的肌肉。把两腿部的皮翻转过来，羽毛向外。再将胫骨上端的铁丝，从模体上相当于腿部剪断的地方插入，将由模体对侧穿出的铁丝弯曲成钩，手握趾底部铁丝向相反的方向倒拉，将腿固定在模体上。

珍禽两翅的支架铁丝，由尺骨的前侧穿入，经掌骨从翅的尖端穿出。将尺骨和穿入的铁丝用线扎在一起，并缠上棉花以代替剥去的肌肉。再将支架铁丝的另一端，在模体上相当于翅的剪断处插入。用固定两腿的方法将两翅固定在模体上。将头部的铁

丝支架，自眼窝后壁横穿过去，使头骨穿在整个铁丝的中点，然后将头骨两边的铁丝向后弯曲并在一起，拧转6～7周，头骨即固定在铁丝支架上。在头部和颈部的皮肤翻正过来羽毛向外，将头骨支架的两根并行的铁丝，在相当于颈部剪断处的位置穿入模体，同样用固定腿部和翅的方法将头部固定在模体上。取一根长约8cm的细铁丝，将两端锉尖并弯曲为"U"字形，作为尾部的支架，在尾羽的下边穿入尾部，把尾部固定在模体上。

孔雀整体剥制标本用于解剖教学

按照珍禽颈部的粗细做一棉花条，用大镊子夹着棉花条的一端，由胸部皮肤切口处向上填入颈部，直至口腔，把颈部填装饱满。再在模体的周围前后、翅膀和腿部周围填充棉花，代替剥去的肌肉。

珍禽标本缝合与装台板时，先从开口的前端开始向后缝合，直至泄殖腔的前方，缝针要由皮内侧面向外穿出，缝线不要压在羽毛上，不使缝合口露于羽外。缝合以后，将两翅的铁丝支架按翅膀的自然形态折叠在躯体的两侧，翅尖多余的铁丝，可自翅尖向翅膀的下内侧弯曲，掩藏于羽下。然后按照自然站立姿势弯曲腿部铁丝，而后置于台板上，并依两腿的位置在台板上钻两个孔，将两腿的支架铁丝下端穿入台板加以固定。娇正、整形，待珍禽毛干后，贴好标签，装台架加罩保存，这样栩栩如生的教学标本就可以陈列了。

雄孔雀实验教学展翅姿态标本

鸳鸯实验教学剥制干式标本

珍禽标本欣赏

1. 雏鸡群标本

2. 雏鸡标本

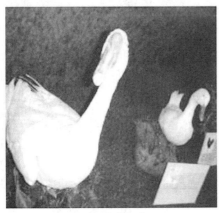

3. 鹅与鸭标本

4. 黑白花山鸡标本

5. 黑天鹅与鸡标本

6. 环颈雉山鸡标本

7. 鸵鸟剥制标本　　　　　　　　8. 鸵鸟剥制塑化骨骼标本

9. 鸭子和群鸡标本　　　　　　　　10. 珍珠鸡标本

11. 火鸡标本　　　　　　　　12. 鸡鸭鹅标本

13. 雌性山鸡剥制干式陈列标本

14. 白花山鸡剥制干式标本

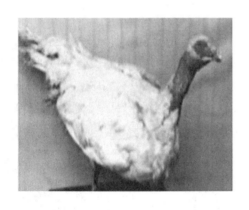

15. 白色火鸡整体剥制陈列标本

16. 野生山鸡剥制干式标本

17. 灰毛火鸡剥制干式标本

18. 蓝孔雀展翅整体剥制标本

第三章　小动物实验牧医教学干标本的制作

第一节　小动物鼠实验教学干标本制作

一、小动物鼠实验教学干标本制作器材的准备

1. 剥制工具：解剖刀、解剖剪、骨剪、长镊子（尖形，前端内侧不要带锯齿形的）、解剖盘或塑料布、细铅丝或竹筷、取脑勺（取铅丝一段，前端砸扁弯成勺状）、针、线、棉花、竹丝、亚砷酸与明矾混合的防腐剂。

2. 标本的测量：测量的工具和物品包括钢卷尺、秤、标签、采集本。体重指观赏小动物体的全重；体长指吻端至肛门尾基部；尾长指尾基部到尾端（尾端毛除外）的长度；后足长指自跗关节的最后端至足的最前端（爪除外），对有蹄类动物要测到蹄的前端；耳长指耳壳基部至顶端（簇毛除外）的长度；肩高指肩背中线至

小动物鼠实验教学干标本制作器具的准备

前指尖长；胸围指前肢后面胸部最大周长；腰围指后肢前面腰部最小的周长；臀高指臀部背中线至后趾尖长。

二、小动物鼠实验教学干标本的制作

1. 剥皮：将实验鼠体仰放在解剖盘和塑料布上用解剖刀沿腹部正中肛门前部开始向胸骨后端切开皮肤，操作时用力不要太猛，以免将腹腔切破而污染皮毛，然后用刀背或小镊子将切口与后肢相连的皮肤与肌肉分离，将后肢分别往切口处推出，剪断膝关节并除去小腿上的肌肉，剥离背部等周围的肌肉，

小动物豚鼠实验教学干制陈列标本

再把生殖器、直肠与皮肤连接处剪断，清理好尾基部周围的结缔组织，用左手捏紧尾基部，右手捏住尾椎骨缓慢往上拉，直至完全抽出，继续剥至前肢，在肘关节处剪断，清除肌肉再剥至头部，用解剖刀紧贴头骨至耳部，剪或切断耳根至眼部时，可看到一层白色网膜状的眼睑缘，细心切开网膜的下端后，即露出眼球了。剥离上下唇时，先在鼻尖的软骨处剪断，然后再用解剖刀剥离下唇，这时皮与肉体已分离，去掉皮内脂肪和贴在皮上的肌肉，均匀涂抹防腐剂，并在四肢骨骼上缠以少许棉花以代替原来的肌肉，再翻转鼠皮，呈皮朝外直筒状即可。

2. 填充：削好1根比原尾椎骨稍细而又均匀光滑的竹制假尾椎骨或用铅丝紧缠棉花制成假尾，插入小动物的尾部末端，假尾要比原尾长一些，以达到腹腔开口处的1/2处为好，这样一方面可固定尾巴，也可支撑整个身体。然后将蓬松的棉花捏成前细后粗形状，用大镊子夹紧棉花的前端，从开口处紧插至头部，再在四肢和躯干部不足处，适当填上蓬松的棉花。这时，削制的尾椎骨应紧贴腹部压住棉花，使尾椎不至上翘。缝合切口时，要将标本摆正，针从里向外交叉缝制。

荷兰猪豚鼠整体剥制干标本

小动物豚鼠、长尾鼠和花猫含白鼠等实验教学标本

3. 整形与固定：实验鼠标本制作的好坏与整形关系很大。整形时，需将标本横放在桌面上，头部向左，将前肢往里缩，掌面朝下，后肢伸直，跖面朝上与尾平放，眼部用小镊子将棉花挑开，似微凸的眼球，毛要理齐，两耳要竖立，头部稍尖，臀部要拱起。

小动物美国长尾大鼠实验教学干制陈列标本

标签系于右足将标本置于固定板上，四肢用大头针固定，阴干后就制成了。

4. 支撑：有些实验鼠在填装时还需用铅丝支撑其肢体。所用的铅丝型号要根据动物本身的大小而定。在头部、四肢、尾部各用1根铅丝支撑。头部的铅丝先用棉花卷成与颈部原有肌肉粗细长短相同，一端固定在头骨上。也可将原头骨保留。另取铅丝1根由足底沿肢骨后侧插入肢内，外留一段作为固定用。穿入的铅丝沿肢骨弯曲，用线缚于骨骼上，四肢处仍需补充棉花以代替原来的肌肉。尾椎骨的制作不宜用竹子，而必须以铅丝方能捏成各种姿态。

第二节　小动物蛙实验教学干标本的制作

一、小动物蛙血管有色铸型干标本的制作

（一）小动物蛙血管铸型干标本制作器材的准备

1.药品：乙醚、红色动物胶注射液用银朱少量，白明胶10g。配制时，先将白明胶在水中浸过液，再隔水加热至熔化，加入适量银朱，以颜色鲜艳为度，然后用玻璃棒搅拌均匀、蓝色动物胶注射液（普蓝少量，白明胶）、黄色动物胶注射液（路黄，白明胶）。

2.工具：烧杯，水浴锅（也可用其他锅代），电炉，玻璃棒，注射器，丝线，眼科镊，针。

小动物蛙血管铸型干标本制作蛙材料的准备

（二）小动物蛙血管有色铸型干标本的制作

1.蛙经乙醚麻醉后，心脏仍在跳动的，可以作为血管注射用，如果血液已经凝固，则不能用。

2.蛙动脉注射：剖开腹壁皮肤后，沿腹壁肌肉正中线（又称腹白纹，其背面有一条腹静脉隐约可见），稍偏左向前剪开肌肉层，并继续将胸骨正中剪开，再仔细分离盖于心脏的肌肉和结缔组织薄膜，心脏显露后，还须用眼科镊提起包住心脏的透明薄膜，用

从蛙心动脉气管右心房注入温热有色胶

剪刀破围心薄膜，分离包在动脉圆锥四周的结缔组织，然后用针引一条丝线，用针引线的一端在动脉圆锥背面穿入丝线，扎结后，使心室血液不能流入动脉圆锥，用注射器将热的红色动物胶从动脉圆锥注入，注射量为3~5mL。待舌动脉显出已注入红色为止，停止注射，微冷却后，退出注射针头，以防色剂外溢。

3.蛙静脉注射：由于动脉血管充满注入的红色动物胶，使血流部汇集在静脉血管，为要再注入蓝色的动物胶于静脉血管内，需用针刺一下心室，使血液从心室中流

出，尽可能地在静脉系血液排除后，再从心室或腹静脉注入热的蓝色动物胶，注射量为 7 ~ 8mL。

4.蛙肝门静脉注射：将黄色动物胶注射液，从肝门静脉注入，流入肝与消化系肝门静脉系统。血管注射标本也可用 5% 福尔马林保存。

5.其他动物基本与上述相似，但注射部位略有不同。鱼类不必用线结扎，从动脉球注入红色动物胶，表示动脉血管，还可以从尾柄部切去部分肌肉，找出尾动脉注入。鲨鱼除了从动脉圆锥注入红色动物胶外，还可以从体壁两侧面的侧静脉注入蓝色的动物胶。鸟类和哺乳类则可以在心耳与心室之间扎线，从左心室注入红色动物联，从右心耳注入蓝色动物胶，由于对注射器加入强大压力，使原来的瓣膜系统都被冲垮。须注意：针头尽量选用大一点的好；解剖时不要损坏大的血管；必须迅速注入热胶。当发现针头因胶凝固而堵塞时，要及时用铜丝疏通。

二、小动物蛙剥制实验教学干标本的制作

(一) 小动物蛙整体剥制干标本制作

牛蛙整体剥制标本的操作：牛蛙制作时，左手抓蛙保定。右手拿探针刺入蛙头枕骨孔内，将其大脑破坏。再用探针刺入其脊柱，对牛蛙脊髓进行破坏。

牛蛙致死后，从牛蛙颈、腹部，用剪刀剪开皮肤 3 ~ 4cm，进行蛙皮剥离，用剪刀将牛蛙四肢骨上的肌肉和躯干肌肉及内脏等全部除去，仅保留蛙皮和四肢骨的外观完好。用腌皮混合粉对蛙头、皮下和四肢骨进行腌制。安放支架时把铁支架的顶端插入蛙头枕骨孔内固定，把支架的末端，插入牛蛙的四肢皮下进行固定。把蛙头、躯干及四肢皮下的空隙用油灰泥填满。用"四号医用"缝线对切口进行连续缝合。牛蛙标本制好后，进行适当整形，贴上标签，刷好清漆，经数日风干。这样一个栩栩如生的牛蛙标本就可以陈列了。

（二）小动物蛙整体剥制干标本制作步骤

1. 准备好即新鲜又美观的牛蛙材料

2. 左手抓蛙、右手拿针刺入蛙头

3. 用探针刺脑使蛙失控

4. 用探针反复刺入脊髓使牛蛙致死

5. 将牛蛙被皮下肌肉及内脏剥离

6. 用剪刀将牛蛙内容物清除干净

7. 除去异物外仅留蛙皮、四肢骨

8. 用腌皮防腐粉对蛙头皮下腌制

9.用腌制防腐粉对蛙体四肢骨腌制

10.在蛙头空隙内用油灰泥分别填满

11.把铁支架顶端插入蛙头孔内固定

12.将铁支架末端插入蛙肢内固定

13.将蛙体肢皮下空隙用油灰泥填满

14.牛蛙标本初步固定后缝合切口

15.选择美观无损的牛蛙

16.将牛蛙枕骨孔内脑汁破坏

第三节　小动物蛇实验教学干标本制作

一、小动物蛇整体剥制干标本制作步骤

1.准备好中等体型、新鲜美观材

2.用长钳夹住蛇头用探针将蛇脑破坏

3.再用探针将蛇头反复破坏致死

4.用剪刀剪开蛇胸腹下剔除肌肉内容物

5.用腌皮防腐粉将蛇头及蛇皮腔腌制

6.用油灰泥将蛇体头尾内空隙填满

7.将铁丝缠绕干棉放于蛇皮内填充固定

8.用油灰泥将蛇皮内空腔填满缝合切口

9.将蛇装台架整形成自然盘卧标本

二、小动物蛇实验教学干标本的制作

1. 准备好中等体型、新鲜、美观的蛇及剥制器材，如：水盆、手术器械、油灰泥、腌皮粉、棉花、铁丝、清漆、标本台架等。

2. 蛇宰杀时用长臂钳小心夹住蛇头，将蛇从水盆里取出后，放在台板上；或用左手抓住蛇头进行保定，右手持探针将蛇脑彻底破坏，使蛇致死。蛇致死后，首先要检查蛇腹侧切口的位置，观察蛇体鳞片完好无缺的自然姿态。

3. 蛇皮剥制时，用手术刀在蛇体的胸腹下，用剪刀纵行剪开 3～4cm 长的切口，剪断椎骨，将蛇胸腹腔的内容物剔除，放在污

动物器官及蛇干制标本应用于解剖教学

物杯内。并及时用湿纱布擦去蛇体血迹，保持蛇体清洁。再用手术刀小心除去蛇肉、蛇骨，仅保留蛇皮及头骨的外观完好。把蛇的两侧眼睛分别取出，将腌皮防腐粉按一定的比例进行配制，腌皮粉是动物标本制作中的防腐剂。它有毒，可以防虫、防蛀，操作者要注意戴口罩和乳胶手套进行自我防护。再在蛇的皮下颈部、胸部、腹部和尾部均匀地撒上一层腌皮粉，从蛇的口腔及切口内洒上腌皮防腐粉，将蛇头和蛇皮空腔进行彻底地腌制。

4. 根据蛇的体形大小，用一根大小长度适当的铁丝做成蛇型支架，蛇支架做好后进行装置，先将铁丝缠绕干棉花从切口处安放于蛇皮内，将铁丝支架的前端插入蛇头枕骨大孔内把蛇头固定，铁丝支架的末端插入蛇尾内固定，铁丝支架的其余部分从蛇腹底侧皮下切口处放入蛇体腹腔内，起到蛇骨支撑作用。

5. 用配好的油灰泥将蛇头的眼眶和蛇口腔内空隙填满。根据蛇体大小，选用合适的义眼分别插入蛇左右两侧的眼眶内进行固定，用止血钳夹住每一小块干棉花，在蛇皮下支架的表面进行填充，以后根据蛇原来体形及肌肉丰满程度，再适量补填一些干棉花，使标本做得逼真、有精神。选用"4号医用"缝合线，将蛇腹底壁切口进行连续缝合。

6. 把蛇体腹底侧固定在标本台板上，进行蛇体盘卧造型，保持蛇头、蛇体和蛇尾原来自然姿势。用电风扇吹干或放置阴凉通风处，经 3～5 天自然风干后，刷上清漆，保持蛇体干燥、清洁、光亮，可以防潮防霉、防蛀，漆刷好后贴上标签，便于陈列时查找与管理，这样一个活现活跃的蛇标本就可以长期保存了。如上述这些动物解剖教学标本的制作，不仅反映动物的外貌、品种、器官位置、构造与形态特点；而且，动物解剖教学干制标本具有：有色无味、教学使用与携带方便、对人体健康无害等优点；还能丰富专业教师的教学内容，培养学生的兴趣爱好，提高其实践技能水平。这对动物教学教具的广泛应用与制作，将起到积极的推动作用，为农、牧业兴旺发展培养出

更多的优秀技术人才，做出重大贡献。

第四节　小动物犬猫兔实验教学干标本的制作

一、小动物犬实验教学干标本制作步骤

1. 准备好外形美观、中等无损的犬　　2. 左右手抓住头部，用力拉线使犬致死

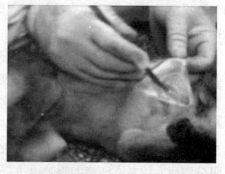

3. 用腌皮防腐粉把犬体腔反复涂抹　　4. 用油灰泥把犬头骨空隙肢尾腔内填满

5. 在犬头腹下切开皮肤将脑汁肉除净　　6. 用腌皮防腐粉腌制头骨

7.用腌皮防腐粉把犬体腔反复涂抹

8.用油灰泥把犬头骨空隙肢尾腔

9.用油灰泥填满肢腔尾腔

10.用合适义眼装入两侧的眼眶内

11.把铁丝架架端插入头内固定

12.将支架末端插入犬肢皮内固定

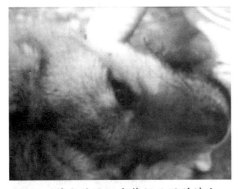

13.将犬的眼眶内装好义眼并填充

14.将犬标本固定在台板上整形保存

宠物犬标本观赏

1. 吉娃娃犬欣赏

2. 观赏狗整体剥制标本

3. 萨姆斯犬标本

4. 博美犬观赏标本

5. 观赏犬站立标本

6. 观赏犬坐卧标本

7. 观赏犬趴伏标本

8. 哈士其犬标本

二、小动物兔实验教学干标本制作步骤

1. 制作标本前器械的准备

2. 左右手抓头用力拉转使兔致死

3. 从兔颈下切开皮肤将部异物除净

4. 用手术刀切开被皮下肌肉剔除干净

5. 用手术刀切开皮下肌肉剔除干净

6. 用腌皮粉对兔毛皮、头、肢骨反复腌制

7. 准备合适的义眼和油灰泥材料

8. 选用合适义眼分别装入兔两眼眶内

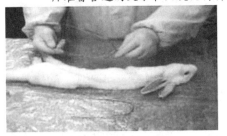
9. 把支架插入头肢皮内固定填充干棉花

10. 将兔标本装台架整形风干后保存

三、小动物犬猫兔实验教学干标本制作器材的准备

1. 准备解剖刀、解剖剪、骨剪长镊子、解剖盘或塑料布、钢卷尺、秤、标签、铅丝、针、线、棉花、亚砷酸与明矾相混合的防腐剂。

2. 测量动物的体重、体长、尾长、足长、耳长、肩高、胸围（前肢后面胸部最大周长）、腰围（后肢前面腰部最小的周长）和臀高（臀部背中线至后趾尖）。

四、小动物犬猫兔实验教学标本制作方法

小型类动物剥制方法与鸟禽类剥制方法大致相同，但也有相异之点。

狗和猫各种自然立卧姿态整体剥制干式陈列标

（1）测量：标本制作前，需要进行测量。测量的部位为头长、头高、颈长、颈宽、肩高、体长、体阔、腰高、骨盆大、腿宽、后肢宽度、前肢幅度等。

（2）剥皮：用刀剖开腹部的毛皮，并把毛皮与肌肉之间的脂肪及其他结缔组织，尽量清除干净。

①剥腿、剥四肢：把附肢的骨和肉全部除去，注意完好地保留四肢远端部角质爪。另一种做法是保留四肢骨，但必须把附于四肢骨上的肌肉剔除干净。

沙皮犬整体剥制宠养教学干式标本

②剥耳、眼、鼻、嘴部：当剥制头部的耳孔、眼睑、鼻孔和上、下唇时，要设法保护它们的原状，切勿撕裂。

③剥尾：剥小灵猫等尾很费力，如用手先搓一搓尾部，再剥制就方便得多，但需要两人配合操作，一人捏住身体，另一人将毛皮自尾基向尾尖方向脱出；鼠类的尾很容易剥离。

黄娃犬整体剥制及牧医教学标本

④浸皮：剥下的皮必须经过浸制，否则做好的标本容易脱毛。小小型动物皮用75%酒精固定一下即可。大型小型动物皮则要用1份明矾、2份食盐和10份水配制的溶液浸泡5～10天。

（3）制作假体：卧态标本小型动物的假体制

一对丝斑猫整体剥制干式标本

作与鸟相似。姿态标本制作有两种情况：如保留骨骼作为支持的，只要去内脏和肌肉，涂上防腐剂；如果需要把骨头取出来的，就需复制头骨的石膏模型，制作过程比较复杂。

黄猫逮白鼠整体剥制及牧医教学标本

首先，要复制头骨的模型。将头骨的下侧埋在泥坯或沙坯中，在头骨裸露的上侧，刷上肥皂液，以便凝固后的石膏浆易与头骨分离。做好马粪纸圈后倒入石膏浆，待石膏封固后，取出头骨，头骨一侧的模子就制成了。将取下的另一侧头骨，也用同样的方法做好模子。将两个头骨模子合拢，就可以复制与头骨基本上相同的阴模了，在合拢前，需用毛笔在阴模内涂上一层肥皂液，然后用绳子把模子捆好，在模子内灌进刚调制好的石膏浆，稍过一会儿，在模子内插入一根粗铅丝，注意把铅丝插在正中，不能过深，但也不要过浅。约过半天，模子内的石膏浆充分凝固后，头骨的模型就制成了。可以剪

师生将卷发黑毛犬安装彩舌和木台架

师生共制卷发犬手拿球立姿态干标本

师生将萨姆斯犬标本安装彩舌木台架

师生将萨姆斯犬标本整形固定耳尾巴

小动物萨姆斯犬标本刚做好晒干保存

小动物萨姆斯犬标本正应用牧医教学

断绳，卸模，把头骨的模型取出来，用解剖刀稍加修正就行。

接着做铅丝支架，在铅丝上扎稻草，力求假体开关与小型动物类标本自然姿态相

似。再装上假眼。将石膏头骨模型小心地装在假体上，假体就做成了。然后，把小型动物皮从75%酒精中取出，小心地将它像穿衣一样，给假体穿上，"穿衣"前，还要在小型动物皮内涂上一层防腐剂。如果是大型小型动物类，毛皮从明矾、食盐溶液里取出后，需用清水把毛皮洗净，才能涂上防腐剂。

缝合：用线把切口缝合起来。最好切口处在剥皮时就做好记号，以便按原位缝合。

（4）整形：待毛干后才能整形，毛可用梳子梳理。帖好标签，将标本置于固定板上，经数日风干，这样一个栩栩如生的犬猫标本就可以陈列了。

第四章　常见动物实验牧医教学干标本的制作

第一节　动物猴实验教学干标本制作

一、动物猴实验教学干标本制作前体型测量

体形测量：标本制作前，需要进行测量。测量的部位为头长、头高、颈长、颈宽、肩高、体长、体阔、腰高、骨盆大、腿宽、后肢宽度、前肢幅度等。

二、动物猴实验教学剥皮干标本的制作

1. 剥皮：用刀剖开腹部的毛皮，并把毛皮与肌肉之间的脂肪及其他结缔组织，尽量清除干净。

2. 剥腿、剥四肢：把腹肢的骨和肉全部除去，注意完好地保留四肢远端部角质爪（不能剪掉）。另一种做法是保留四肢骨，但必须把附于四肢骨上的肌肉剔除干净。

小动物黑叶猴实验教学干制陈列标本

3. 剥耳、眼、鼻嘴部：当剥制头部的耳孔、眼睑、鼻孔和上、下唇时，要法保护它们的原状，切勿撕破。

4. 剥尾时很费力，如用手先搓一搓尾部，再剥就方便得多，但需要两人配合操作，一人捏住身体，另一人将毛皮自尾基向尾尖方向脱出。

小动物长尾猴实验教学干制陈列标本

5. 浸皮：剥下的皮必须经过浸制，否则做好的标本容易脱毛。肉食动物皮用75%酒精固定一下即可或用1份明矾、2份食盐和10份水配制的溶液浸泡5～10天。

6. 制作假肢：姿态标本制作有两种情况：如保留骨骼作为支持的，只要去内脏和肌肉，涂上防腐剂；如果需要把骨头取出来的，就需复制头骨的石膏模型，制作过程比较复杂。首先，要复制头骨的

小动物红面猴实验教学干制陈列标本

模型。将头骨的下测埋在泥坯或沙坯中，在头骨裸露的上侧，刷上肥皂液，以便凝固后的石膏浆（石膏粉和水调成）易与头骨分离。做好马粪纸圈后的石膏浆，待石膏封口，取出头骨，头骨一侧的模子就制成了。将取下的另一侧头骨，也可用同样的方法做好模子。将取下的另一侧头骨，也用同样的方法做好模子。将两个头骨模子合拢，就可以复制与头骨基本上相同的阴模了。在合拢前需要毛笔在阴模内涂上一层肥皂液，然后用绳子把模子捆好，在模子内灌进刚调制好的石膏浆。稍过一会儿，在模子内插入一根粗铅丝（便于制成后与躯干假体相连接），注意把铅丝插在正中，不能过深，但也不要过浅。约过半天，模子内的石膏浆充分凝固后，头骨的模型就制成了。可以剪断绳，卸模，把头骨的模型取出来，用解剖刀稍加修正就行。

7. 做铅丝支架和装上假眼：在铅丝上扎稻草，力求假体形状与自然姿态要逼真。将石膏头骨模型小心地装在假体上，假体就制成了。

8. 涂上一层防腐剂：在中型动物皮内涂上一层防腐剂，毛皮从明矾、食盐溶液里取出后，需用清水把毛皮洗净，才能涂上防腐剂。

9. 穿假衣、缝合和整形：把肉食动物皮从 75% 酒精中取出，小心地将它像穿衣一样，给假体穿上。用线把切口缝合起来。最好切口处在剥皮时就做好记号以便按原位缝合。待毛干后才能整形，毛可用梳子梳理。

第二节　动物梅花鹿实验教学干标本的制作

1. 活体测量：由于梅花鹿外部形态差异很大使活体测量不易准确。须经宰杀剥皮后，再在肉体上测量。但是梅花鹿的尸体倒下后，其身体的形状与生活时会有变化，特别是腹部变扁，腹围的竖径变大，横径变小，其他部位也有相应的改变。

2. 梅花鹿宰杀与剥皮：梅花鹿宰杀皮切口处较易被血液污染，为了避免这一点，可在开刀部位先用水将毛浸湿，使毛贴在开刀口周围，这样污染的面积会小些，且易于洗净。剥皮的方法除尾部和头部外，其余部位按常规方法剥制。有的北方梅花鹿，尾部肥大，剥出来的软组织，须按其形状大小，画出图样，作为制作尾模体的依据。

梅花鹿实验教学跳跃标本

3. 梅花鹿被皮与骨骼的处理：鹿皮较薄，但皮下疏松结缔组织很发达，应进行轻度的刮皮，以防皮被缩小，造成缝合时的困难。把刮好的皮被放入碱水中，两手搓洗毛被，直至洗净，再用清水冲洗后，放入食盐明矾液中进行腌皮。

4. 梅花鹿模体制作：基干板可选用 2cm 厚的木板，不宜过薄，以免在安装四肢和头部支架时木螺丝固定不牢。取适当粗细的铁丝两根，弯曲成后肢上端后缘和臀部后缘的形状，下端固定在跟结节上，上端固定在基干板后端的适当位置，作为后肢上部和臀部后缘的轮廓。然后开始缠装麻刀。先以四肢测量的上围、中围等数据，在四肢上部用细麻线缠装麻刀，以测量的中围、下围等数据在四肢下部缠裹纱布，制出四肢的模体。再以胸围、腹围和肋围所测量的数据缠装胸腹部。但是基干板的上缘和下缘不要填上麻刀。最后缠装颈部和臀部。头部后侧空隙处，也要用麻刀填平。如所杀绵羊其颈下部有横皱褶或纵壁，可根据所记录的皱褶或纵壁的大小、数量及位置进行缠装麻刀，塑造出皱褶或纵壁的形状。整个模体表面要用麻线缠扎结实、平整。如果所制绵羊标本，其尾部是肥大的，可依照剥出的尾部形状大小，取一适当长短的铁丝，弯曲成尾的形状，用麻刀和麻线缠成尾的形状，将铁丝的两端钉在基干板上适当位置，制成假尾。然后取出测量数据一一查验，不相符处，再行缠装修补，使模体与皮被大小符合。梅花鹿头部骨骼的空隙处和头部剥去肌肉的部位均需用石膏泥填充。待石膏泥干后，再涂上明胶液。由于梅花鹿耳廓软骨较薄，在制作假耳廓软骨时约需 4 层纱布。

5. 装鹿皮：先装假耳廓软骨，再装尾巴。待梅花鹿皮在模体上摆正后，将两角由原开口处穿出，随即将开口缝合。将两角周围的皮被对好，用大头针钉住。颈部下缘有皱襞的也要对好。其余各部分别装皮和缝合，梅花鹿不需补皮和烫皮。

6. 整形：梅花鹿整体标本基本做成后，要适当造型。再根据其被毛的长短、薄厚及

小动物野生梅花鹿干标本用于牧医教学

紊乱情况，用梳子或刷子按毛的生前自然走向顺向轻轻梳刷，经日光晒干后保存。

第三节　动物花奶牛实验教学干标本的制作

一、动物花奶牛实验教学标本制作

花奶牛毛长而厚，活体测量不易准确，须经宰杀剥皮后，再在肉体上测量。但是牛的尸体倒下后，其身体的形状与生活时会有变化，特别是腹部变扁，腹围的竖径变大，横径变小，其他部位也有相应的改变。

1. 花奶牛宰杀与剥皮：白色毛被易于被血液所污染，为了避免这一点，可在开刀部位先用水将毛浸湿，使毛贴在开刀口周围，这样污染的面积会小些，且易于洗净。

2. 花奶牛剥皮的方法除尾部和头部外，其余部位按常规方法剥制；花奶牛头上有角，剥皮时皮被必须从两角根内侧向颈背正中线作一 Y 形切口，并将角周围的皮肤剥为环切，才能将皮被做好。

3. 花奶牛皮被与骨骼的处理：花牛皮较薄，但皮下疏松结缔组织很发达，应进行轻度的刮皮，以防皮被缩小，造成缝合时的困难。把刮好的皮被放入碱水中，两手搓洗毛被，直至洗净，再用清水冲洗后，放入食盐明矾液中进行腌皮。牛头骨需经水煮，但其角须露出水面，否则两角会因水煮而脱落。

4. 花奶牛模体制作：干板选用 2 厘米厚的木板，不宜过薄，以免在安装四肢和头部支架时木螺丝固定不牢，取适当粗细的铁丝两根，弯曲成后肢上端后缘和臀部后缘的形状，下端固定在跟结节上，上端固定在基干板后端的适当位置，作为后肢上部和臀部后缘的轮廓。然后开始缠装麻刀。先以四肢测量的上围、中围等数据，在四肢上部用细麻线缠装麻刀，以测量的中围、下围等数据在四肢下部缠裹纱布，制出四肢的模体。再以胸围、腹围和肋围所测量的数据缠装胸腹部。但是干板的上缘和下缘不要填上麻刀。最后缠装颈部和臀部，头部后侧空隙处，也要用麻刀填平，整个模体表面要用麻线缠扎结实、平整。如果所制花奶牛标本尾部是肥大的，可依照剥出的尾部形状大小，取一适当长短的铁丝，弯曲成尾的形状，用麻刀和麻线缠成尾的形状，将铁丝的两端钉在基干板上适当位置，制成假尾。然后取出测量数据一一查验，不相符处，再行缠装修补，使模体与皮被大小符合。

动物花奶牛干标本应用于实验教学

动物花奶牛实验教学干制陈列标本

5. 花奶牛头耳处理：头部骨骼的空隙处和头部剥去肌肉的部位均需用石膏泥填充，待石膏泥干后，再涂上明胶液。由于牛耳廓软骨较

动物花奶牛及犬猫实验教学干制标本

薄，在制作假耳廓软骨时约需 4 层纱布。花奶牛装皮先装假耳廓软骨，再装尾巴。待花奶牛皮在模体上摆正后，将两角由原开口处穿出，随即将开口缝合。将两角周围的

皮被对好，用大头针钉住，颈部下缘有皱襞的也要对好，其余各部分别装皮和缝合好。

6. 花奶牛标本制好整形：花奶牛整体标本基本做成后，要适当造型。再根据其被毛的长短、薄厚及紊乱情况，用梳子或刷子按毛的生前自然走向顺向轻轻梳刷，经日光晒干后保存。

二、动物标本剥制欣赏

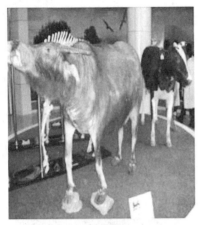

1. 水牛黑白花奶牛标本

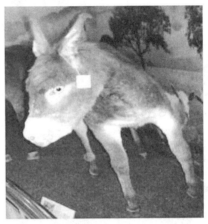

2. 驴标本

3. 乌龟标本

4. 野猪标本

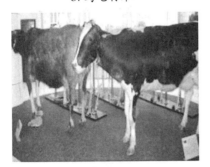

5. 水牛和黄牛标本

6. 白鹅、仙鹤等标本

7. 企鹅、猕猴和野猪标本用于教学

8. 七彩山鸡和金刚鹦鹉标本用于教学

9. 草鹭鸟标本用于解剖教学

10. 鸵鸟标本应用于解剖实训教学

11. 观赏猕猴标本应用于解剖实训教学

12. 羊猪牛标本应用于解剖实训教

13. 师生共制小麻鸭标本

14. 师生共制大麻鸭标本

15. 猛虎下山标本

16. 金钱豹标本

17. 师生共制珍禽标本地方电视台报道

18. 校外助农制麋鹿用于教学市电台采访

第四节　动物老虎和麋鹿实验教学干标本的制作

1. 老虎和麋鹿毛长而厚，活体测量不易准确，须经宰杀剥皮后，再在肉体上量。但是牛的尸体倒下后，其身体的形状与生活时会有变化，特别是腹部变扁，腹围的竖径变大，横径变小，其他部位也有相应的改变。下以野生麋鹿为例简介动物野生麋鹿实验教学干标本制作过程：

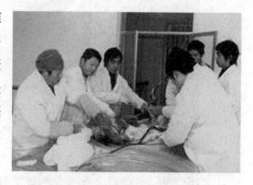

2. 野生麋鹿宰杀与剥皮：白色毛被易于被血液所污染，为了避免这一点，可在开刀部位先用水将毛浸湿，使毛贴在开刀口周围，这样污染的面积会小些，且易于洗净。

3. 野生麋鹿剥皮的方法除尾部和头部外，其余部位按常规方法剥制；有的大动物头上有角，剥皮时皮被必须从两角根内侧向颈背正中线作一Y形切口，并将角周围的皮肤剥为环切，才能将皮被做好。

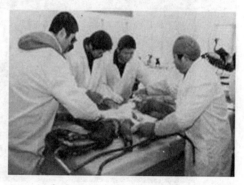

师生共同制作大型麋鹿干式标本

4. 野生麋鹿被皮与骨骼的处理：野生麋鹿皮较薄，但皮下疏松结缔组织很发达，应进行轻度的刮皮，以防皮被缩小，造成缝合时的困难。把刮好的皮被放入碱水中，两手搓洗毛被，直至洗净，再用清水冲洗后，放入食盐明矾液中进行腌皮。野生麋鹿头骨需经水煮，但其角须露出水面，否则两角会因水煮而脱落。5. 野生麋鹿模体制作干板选用2cm厚的木板，不宜过薄，以免在安装四肢和头部支架时木螺丝固定

将大型公麋鹿干式标本整形风干

羊标本制好后装架整形风干

不牢，取适当粗细的铁丝两根，弯曲成后肢上端后缘和臀部后缘的形状，下端固定在

跟结节上，上端固定在基干板后端的适当位置，作为后肢上部和臀部后缘的轮廓。然后开始缠装麻刀。先以四肢测量的上围、中围等数据，在四肢上部用细麻线缠装麻刀，以测量的中围、下围等数据在四肢下部缠裹纱布，制出四肢的模体。再以胸围、腹围和肋围所测量的数据缠装胸腹部。但是干板的上缘和下缘不要填上麻刀。最后缠装颈部和臀部，头部后侧空隙处，也要用麻刀填平，整个模体表面要用麻线缠扎结实、平整。如果所制标本尾部是肥大的，可依照剥出的尾部形状大小，取一适当长短的铁丝，弯曲成尾的形状，用麻刀和麻线缠成尾的形状，将铁丝的两端钉在基干板上适当位置，

动物麋鹿实验教学干标本　　师生共制动物雄狮实验教学标本

动物母麋鹿实验教学干标本　　动物公麋鹿标本研制为三农服务

动物野生东北虎和金钱豹干制陈列标本用于牧医教学

制成假尾。然后取出测量数据一一查验，不相符处，再行缠装修补，使模体与皮被大小符合。

6.野生麋鹿头部骨骼的空隙处和头部剥去肌肉的部位均需用石膏泥填充，待石膏泥干后，再涂上明胶液。由于大动物耳廓软骨较薄，在制作假耳廓软骨时约需4层纱布。

7.野生麋鹿装皮先装假耳廓软骨，再装尾巴。待动物皮在模体上摆正后，将两角由原开口处穿出，随即将开口缝合。将两角周围的皮被对好，用大头针钉住。颈部下缘有皱襞的也要对好。其余各部分别装皮和缝合。

8.野生麋鹿整体标本基本做成后，要适当造型。再根据其被毛的长短、薄厚及紊乱情况，用梳子或刷子按毛的生前自然走向顺向轻轻梳刷，经日光晒干后保存。

第五章 动物脏器实验牧医教学彩色干标本的制作

第一节 动物塑料铸型脏器实验教学有色标本的制作

一、动物脏器实验彩色干标本制作

1. 有色塑料原料溶液的配制

无色塑料在化工原料商店有售，也可利用废乒乓球，用前先洗净晾干，然后剪成小片，以一比十的量加入丙酮，每隔 2 小时用玻棒搅拌一次，使其完全溶解。如没有丙酮，可用无水酒精和乙醚的等量混合液代替，但效果较差。配制好的胶液似炼乳状，用玻棒挑起时，呈细条状淌下，如涂少许在玻板上，当丙酮挥发后，即形成一层薄膜，可用小刀刮下。如胶液太稠，则不易灌注到细小的分枝，太稀则因无色塑料颗粒成分少，灌注后标本主干常不饱满，分枝也较脆弱。如器官同时有两种以上的管道须要灌注，可在胶液中加入不同颜色的油画颜料。但用量不宜太多，边加边搅拌，至胶液呈现鲜艳的颜色即可。如无油画颜料，也可用粉质宣传画颜料代替。常用的颜色为朱红、普蓝、铬黄、铬绿、锌白。硝化无色塑料颗粒，化工商店有售，常已配制成不同浓度，一

有色塑料灌注器械、试剂原材料及温热铸型器材的准备

动物内脏器官材料的准备

般用无水酒精和乙醚的等量混合液或丙酮作为溶剂。也可用废照相底片或电影卷代替，但应先检试一下，能强烈燃烧者为硝化无色塑料颗粒，否则为醋酸无色塑料颗粒，不能采用。利用废胶片应先用热水浸泡 1 小时，洗去药膜。

调制好的有色塑料胶液，可以保存在任何盛有机溶剂的瓶中，因其密闭性好，可防止挥发干固，又便于随时取用。有色塑料胶液和丙酮等都是易燃品，因此在调制、储存和灌注时应严格注意防火。

2. 标本的准备

原则上应尽量采用新鲜而无破损的脏器。首先清理该器官门区的疏松组织和脂肪，暴露出器官的血管或管道长 1cm 以上。然后检查管道中有无血块或分泌物堵塞，用镊子小心夹出，并轻轻压挤，使管腔内遗留的液体尽量排出，否则会影响灌注效果。也可用温生理盐水从动脉端注入，冲洗去血，再轻轻压挤出水分。将分离出的血管或管道套上相应粗细长 5cm 的短玻管，玻管两端应预先烧制一细颈，玻管另一端套上适合的乳胶管，玻管两端均用粗棉线扎紧。

猪肺灌注成形为猪肺支气管树铸型教学标本制作全过程

3. 灌注

灌注胶液以 10mL 和 20mL 的玻璃注射器较为适宜，因其大小适中，且玻璃活塞比较灵活，灌注时通过活塞易于感知被注器官管道中的压力，可以控制注射量，避免因压力过高造成管道破裂。配制好折胶液因黏滞性较大，不易吸取，通常直接倒入注射器内，再装上活塞。开始灌注时，管道中的内压小，胶液可以较快注入，当灌注量逐渐加

猪肝器官双重灌注成形为猪肝门静脉铸型标本的制作过程

多，管道中内压也增大，即应缓慢注入，同时用手顺着管道的方向轻轻按摩器官，使胶液沿着管道均匀分布。当感到注射器活塞推不动时，即应暂停灌注，否则会使管道胀破，此时可用止血钳夹住乳胶管，并退下注射器。之后，每隔 2～4 小时可重复灌注一次，次数看器官及管腔大小而定，通常约三四次，最后一两次可用较浓的胶液，直到大管道在间隔时间内无瘪塌现象，灌注即告完成。在灌注过程中器官均应置于水中。

如该器官有两种以上的管道须要灌注，应先灌注较细的管道，如动脉、排泄管，再灌注较粗的管道，如静脉、腔室。灌注完毕后，将器官静默 2～3 天，待丙酮挥发，大管道饱满并呈坚实感之后，即可进行腐蚀。在灌注过程中与放置时，为了保持器官原形防止器官干燥，可将其置于水中，或用棉花、纱布等柔软的物品衬垫。为了缩短标本制作时间，可以在一次重复灌注之后，将标本材料置于水浴中加温 80℃ 左右，以加速丙酮挥发，维持 1 小时左右，就可进行腐蚀。

每次灌注完毕，注射器内剩余的胶液应即注入储存瓶内，并将注射器活塞抽出，用丙酮冲洗并抽吸数次，否则极易粘着，很难褪下。

（1）双重或三重注射

假如，不仅想得到动脉注射标本，还想得到静脉系或其他器官的管腔构造的注射标本，如肾脏的输尿管，肝脏的输胆管或其他管道，那么应准备的胶液不是一种颜色而是两三种颜色。对于输尿管通常利用淡绿色的胶液，对于肝管则利用黄色的胶液。顺便说一下，胆囊中的胆汁加到塑料原料溶液液中去，会使胆管有更好的颜色。

在器官的双重注射时，应首先开始注射动脉，然后立即转向静脉的注射。在注射肾脏时，应直接在注射静脉之后，立刻注射输尿管，由此处可以灌满全部排尿管系统。在双重和三重注射肺脏时，同样应该首先注射动脉，然后注射静脉，最后注射气管和支气管。在双重和三重注射的情况，胶液不应制得太稀。

猪的肾盂和肾小盏灌注过程

（2）肾脏的注射

肾脏是最适合制作腐蚀标本的器官。用比较浓稠的塑料原料液注入肾脏的动静脉，使我们能够清楚地看到排尿管、肾盂和肾小盏的结构。排尿管通常注入比较更浓稠的胶液。

猪的肾静脉灌注全过程

应当注意，对肾动脉作非常精细的注射时，胶液会直接连通静脉，并能很快地进入静脉而出现在大静脉干中。

至于注射肾静脉，在此地说明一下是有益处的，稀薄的有色塑料胶液常常在注射的开始时首先充满肾盂，以后才能出现于输尿管。在注射压力的影响下，胶液随时可能从静脉转入

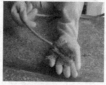

猪肾管腔及肺支气管树铸型标本的腐蚀与洗涤过程

排尿管，因为，这两个系统在形态上有着密切联系。肾脏的腐蚀标本不仅能够从外面观察血管网－动脉和静脉－的构造，也可以从器官的内部得到血管分支的图案。因此已制好的肾脏腐蚀标本可用尖头的剪刀沿着它的腹侧表面剪开它。谨慎地剪断深层的血管分布部分的时候，分切肾脏为两半：前面的一半和后面的一半。用这样方法切开的肾脏，可以看到在器官内部的肾动脉分枝的图案。

4. 腐蚀

通常用粗制浓盐酸进行腐蚀，盐酸量只要能浸没标本即可。腐蚀速度与标本大小、厚薄，盐酸的浓度和温度有关。标本大而厚者腐蚀慢，盐酸浓度和温度高则腐蚀快。因此，为了加速制作过程，可以适当加温盐酸，方法是将灌注好的器官与盐酸同置于烧杯或瓷器皿中，放在水浴中加温至70℃，维持1小时，小而薄的器官当时就可腐蚀完毕，较厚的器官在脱温后 2 天左右也可使全部组织分解掉。

把注射遇的器官浸放在玻璃缸或瓷缸中，在缸中预先倒入 75% 的盐酸或硝酸溶液。用水冲淡浓酸。为了达到腐蚀的目的，可以利用粗盐酸。浸有标本的缸罐，用玻璃盖子或塞子封闭之，按照器官的大小在其中放置 4-5 天或 4-5 以下。如无盐酸，也可用 20%~25% 的氢氧化钠溶液，或将灌注好的器官置于清水内，让其自然腐败，但时间较长。

5. 洗涤和保存

标本经盐酸腐蚀了 3 天后，可以进行初步冲洗，使已被腐蚀成泥土状的组织冲洗掉。洗涤时可将一条橡皮管接于自来水龙头上，皮管的另一端系上一个 14 号注射针头，这样水流较细，不致冲坏标本的细小分枝。初步冲洗后，如尚有未被腐蚀掉的组织，应将其重新放入盐酸中继续腐蚀，过 1 ~ 2 天后再行冲洗，直到全部组织腐蚀和冲洗干净为止。假如经过几天之后，当观察器官表面时，器官组织已被破坏，就开始洗涤标本。当用手指划过器官，可以判断组织分解的程度。把标本同玻璃缸一起放在架子上面，并移放在带有沾水盆的自来水龙头下面。在水龙头上套上长的橡皮管，在橡皮管的另一端插入一个玻璃套管或插入一个在头上有细口的玻璃管。开始洗涤标本时，首先用一股细弱的水流，然后再逐渐增大水流。

用水冲洗掉那些被酸分解了的器官组织，它们容易从注射过塑料原料溶液的血管模型上脱落下来。从套管出来的一股细水流以垂直的方向挤向器官的表面，并冲入器官的出入口。假如，组织未被洗涤好，应该把标本再放入原来酸液中浸泡数天。

为了不损坏标本表面嫩弱而细微的血管，在重复洗涤时，必须遵守一切注意事项。必须调节自来水的水流不太"激烈"。在洗净的标本中当表面观察不能发现毁坏了的软组织时，就把洗净的标本放入清水中，以便浸泡出器官深层的组织残片。

6. 标本的保存

标本的最后一次洗涤工作结束后，把标本放在滤纸或普通吸水纸上，在均匀的室温下干燥。干燥了的腐蚀标本，乃是血管腔及其最细微分枝的精细"模型"，应当把它装置起来。有时在标本某部分可发现凝结的胶块，那是从破损的血管中流出的胶液形成的，可用细小的剪刀容易地割除这些凝结的胶块。

可以把冲洗干净的标本，移入 3% 氢氧化钠溶液中浸泡 10 分钟，以中和标本上残留的盐酸，否则，标本的末梢分枝日久易发脆断落。然后再把标本移置在净水中浸泡 1 天，洗去碱液，取出晾干。陈列用的标本可装架于标本板上，加玻璃罩保护，或保存在 2% 福尔马林溶液中。

猪肺支气管树铸型解剖教学标本　猪肾动脉及输尿管铸型解剖标本

老母猪乳腺铸型解剖教学标本

鸽肺及气囊铸型解剖教学标本

第二节　动物乳胶铸型脏器实验教学有色标本的制作

有色乳胶是在乳胶中加上适量不同颜色的油画颜料而成的。由于乳胶在遇酸后能立即凝固，所以也可利用作为铸型材料。用有色乳胶制作的铸型标本，优点是具有弹性和柔软性，经得起提拉、曲折而不致损坏。其次，由于乳胶里所含的生胶颗粒很小，在碱性环境里几乎不带黏滞性，所以灌注时能到达最微小的管道，因而为形态学研究提供了有利条件。

原材料的准备与无色乳胶液的配制

1. 有色乳胶的配制

有色乳胶一般仅含34%的生胶，经加工浓缩后，含量可达50%以上，如器官同时有两种

以上的管道须要灌注，可在乳胶中加入不同颜色的油画颜料。也可用水溶性颜料加少量氨水稀释后，再加入乳胶中调匀。为了防止胶乳凝固，常掺有少量氨水。这种胶乳

可以在乳胶制品厂买到。

　　制作乳胶的铸型标本，只要将其灌注入器官的管道中，经过酸的凝固作用和腐蚀作用，冲洗后即成。但这样制成的标本经过一段时间后，常会产生发黏变软或发硬变脆的现象。为了提高橡胶乳铸型标本的弹性、柔软性和抗老化性能，延长使用期限，常向乳胶中加入某些化学药品，再进行硫化作用。这些药品按性质来分有硫

原材料的准备与无色乳胶液的配制

化剂、硫化促进剂、防老化剂和填充剂等，在灌注前将上述药品与乳胶充分混合。

　　2. 灌注

　　有色乳胶中含有很多微小的生胶颗粒，它很容易进入玻璃注射器活塞与管壁之间，当推动活塞后，生胶颗粒被磨碎，颗粒中胶体就粘住活塞，使之进退不得，所以不宜用玻璃注射器。通常采用50mL小型动物用金属注射器，这种注射器的活塞能调节松紧，可避免发生粘连。

准备腐蚀用品认真操作

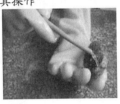

小心反复冲洗乳胶材料

　　灌注方法与制作无色塑料颗粒铸型标本基本相同，而且更为方便，因为只要一次灌注饱满，就可进行腐蚀。在灌注过程中，如发生管道破裂漏胶，可迅速用棉花蘸浓盐酸覆盖，乳胶即凝结成一层薄膜堵住破口，阻止胶液继续外流。灌注后的注射器等用清水冲洗即可。

将猪肾铸型标本干制后保存

　　3. 硫化和腐蚀

　　灌注完毕后，将器官移入75%盐酸中浸泡半小时，使管道表层的乳胶凝固。然后将其捞出用流水冲洗，再置于蒸气锅中硫化半小时。这时乳胶中硫化剂将

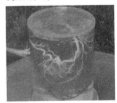

猪脑铸型干制标本　　　牛心铸型干制标本

乳胶中的生胶线性分子链联结成立体网状结构，所以经过加热硫化处理后的乳胶铸型标本，具有弹性、柔软性和耐老化性等良好的物理性能。

　　经过高热处理后，整个器官一般都会收缩变形，但这并不会影响以后标本的质量，

腐蚀后一旦解除了束缚乳胶的组织，乳胶弹性立即会恢复原来管道的形状。具体腐蚀过程与其他铸型标本一样。

4.洗涤和保存

由于乳胶铸型标本相当的弹性，能经受一般水流冲击，腐蚀完毕即可大胆冲洗。冲洗后应在净水中浸泡一昼夜，但不能用碱溶液来中和残留在标本的盐酸，因乳胶标本一遇碱溶液即变软发黏，甚至胶结成一团。

经过冲洗干净后，即可将其保存于3%福尔马林溶液中。在液体中保存的优点是颜色鲜艳，又因与空气中的氧隔绝开，减缓了氧化过程，标本不易老化。

二、动物脏器实验彩色干标本图示

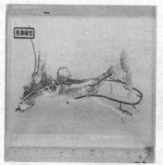

1.犬脾铸型器官解剖教学标本

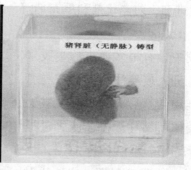

2.猪肾动脉铸型解剖教学标本

3.牛肾铸型器官解剖教学标本

4.狗肾动静脉铸型解剖教学标本

5.猪肺铸型器官解剖教学标本

6.狗肺叶支气管铸型解剖教学标本

7.猪肺支气管铸型器官解剖教学标本

8.鸭全身动脉血管铸型解剖教学标本

9.猪肾动静脉铸型器官解剖教学标本

10.猪心动静脉血管铸型解剖教学标本

11.羊肝血管铸型器官解剖教学标本

12.狼狗全身血管铸型解剖教学标本

13. 藏獒犬全身血管铸型解剖教学标本

14. 羊肝动脉血管铸型解剖教学标本

15. 狮头鹅全身血管铸型解剖教学标本

16. 藏獒犬后肢血管铸型解剖教学标本

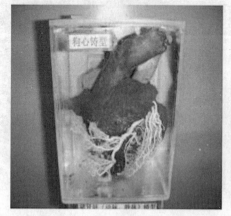

17. 北京犬心血管铸型解剖教学标本

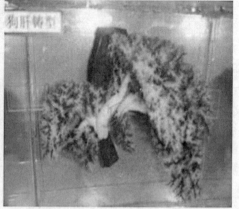

18. 牧羊犬肝血管铸型解剖教学标本

19. 牦牛肝血管铸型解剖教学标本

20. 水牛心脏血管铸型解剖教学标本

21. 牛肺支气管铸型解剖教学标本

22. 贵宾犬脾脏血管铸型解剖教学标本

23. 牛脾脏血管铸型解剖教学标本

24. 苏姜猪肾脏血管铸型解剖教学标本

25. 贵宾犬全身血管铸型解剖教学标本　　26. 牧羊犬肺气管树铸型解剖教学标本

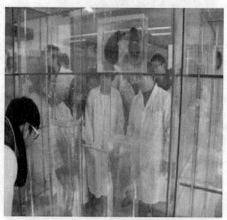

27. 师生共制动物解剖铸塑有色教学标本　　28. 师生学习观赏动物前后肢铸塑标本

29. 马心冠状动脉铸塑解剖教学标本　　30. 师生学习观赏猪肺气管树等铸塑标本

第三节　动物气存脏器实验教学彩干标本制作

目前，国内外许多生物标本、病理标本及解剖标本等保藏液是 4 ~ 10% 甲醛水溶液，由于它能使动物机体内的蛋白质发生凝固而起到固定形状与防腐作用。但其缺点很多，甲醛有较强的刺激性，对操作人员的手臂皮肤及身体健康有一定的危害性。本项目主要用乙醇取代甲醛溶液浸泡标本的制法，对动物教学干式标本制作的技术更新，将起到积极的促动作用。

动物实验教学气存标本的制作工艺流程：

原料器官的选择→水洗及血管铸型→防腐固定→充气→风干→填充材料→刷漆→包装贮存。

1. 原料

防腐固定的家畜胃、肠或新鲜的家畜胃、肠。

2. 辅料

灌肠器、解剖器械、瓦缸、打气筒、塑料原料、油画颜料、注射器、医用酒精、酒精比重计等。

3. 包装材料

废纸屑或泡沫粒或棉花絮、清漆、漆刷、樟脑丸、有机玻璃缸（罩）、标签牌等。

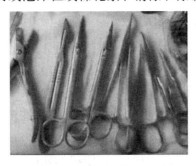

4. 材料选择

选用防腐固定器官或新鲜的胃、肠、膀胱等器官。在尸体上摘取器官时，解剖器械必须规范操作，勿使器官有任何破损，并保持器官的完整形态。

5. 水洗、充气及血管铸型

水洗是洗掉器官的内容物，用灌肠器上的胶水管插入器官断端内，以缓慢的流水速度洗器官。在水洗过程中用手轻轻揉动器官，使其内容物与水混合，逐步导出内容物，直至洗净为止。

在水洗器官时，水流速度不宜过快，水流量不宜过大，揉动器官不宜用力过猛，否则极易使器官破损。水洗时器官内容物有时堵塞出口，应仔细地夹出堵塞物。水洗较细的管腔，不便导出内容物时，可插入短的胶水管，使内容物由该管导出，临时存放在瓦缸内水泡备用。

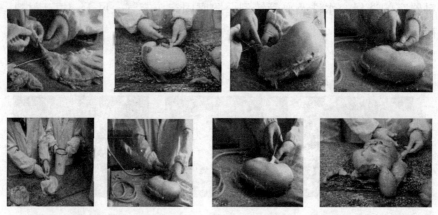

用灌肠器把猪胃反复数次充气水洗，并把止血钳伸入出水管内夹出阻塞物
逐步导出内容物，直至洗净待用

猪胃水洗时，用灌肠器上的胶水管插入猪胃任一端管口内，进行水洗，并用止血钳夹住胶管口外周，进行固定；猪胃另一端管道口，常被内容物堵住出水，则用另一把止血钳伸入出水的管口内，把管道口适当的扩张，或夹出阻塞物，并用双手抓住胃不断揉压，使胃内容物经过反复水洗而排除干净。

防腐固定好的器官，尽量把器官内部的液体倒出，同时用干布擦净器官表面的液体。

在充气之前，准备好结扎用的线绳、玻璃管和胶管，把胶管接在玻璃管上。

在充气时先用线绳结扎管腔的一个断端，从管腔的另一个断端插进充气用的玻璃管，并结扎该处，由玻璃管处向器官内充气。直至使器官内充满气体为止。拔出玻璃管时，结扎好断端，勿使气体跑出，也可用打气筒充气后，用线结扎好。

猪胃充气时，先用一把止血钳夹住胃管口的一端，将乳胶管插入胃管口内的另一端，再用一把止血钳将胃管口壁夹住，进行固定。将打气筒接上胶管后，由慢而快的不停把胃腔充满气。充气结束时，将乳胶管快速拔出，并将胃管口折叠按住不动。然后用止血钳进行固定。

猪肠水洗时，同样用止血钳固定好灌肠器上的胶水管与肠端接头处，将猪肠里面的内容物缓慢的反复水洗干净，注意胃、肠灌水时不宜过多、过快。要以缓慢的流水速度，把胃肠里面的内容物逐步清洗掉。

水洗猪、牛盲肠和大结肠，可先洗盲肠，在回肠断端处插进胶水管，通过回盲口引入盲肠内，以缓慢的水流速度稀释内容物，注意注水不宜过多，适量为止。拔掉水管，使稀释的内容物由回盲口导出，如此反复数次，将内容物洗净为止。如回盲口较小不便导出内容物时，可插入短的胶水管，也可由该管向器官注水。水洗大结肠时，胶水管由小结肠断端处插入大结肠内，一部分一部分洗出内容物，直至洗净。

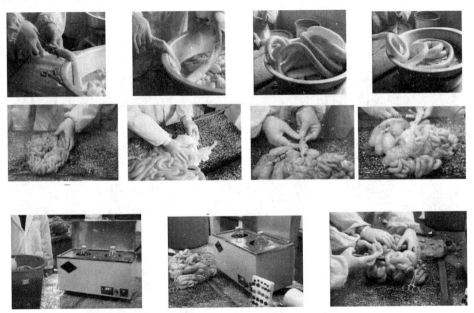

用灌肠器把猪肠反复数次水洗吹气风干，将温热有色塑料溶液对新鲜器官的血管铸型待用

猪肠充气时，把充气胶管插入肠管腔内，用止血钳夹住肠管壁与胶管接头处，对肠管腔进行充气的同时，要轻轻地把盘乱的肠管理顺好，使肠腔随着气流不断通过而逐渐鼓起来，肠腔充满气后，要止血钳将肠管断端闭合固定。最后，可用温热的液体有色塑料，对胃、肠血管进行灌注，使制成的标本血管分布更加明显，有逼真感。

牛、羊的结肠在充气之前应小心地将旋祥一侧的浆膜和小肠的肠系膜剥掉，暴露出肠的走向。将塑料材料和丙酮溶液按比例溶匀后，配适量油画材料，用注射器注入，把新鲜器官的血管铸型后，固定待用。

6.防腐固定与风干

新鲜胃、肠等器官水洗铸型后，在78度酒精或5%福尔马林溶液防腐固定，用塑料纸封口并压紧，定时把材料上下翻动，经过 3 ~ 5 天固定后，再用不同浓度的酒精溶液进行脱水。

把已脱水充气后的胃、肠材料用线绳悬吊于室内阴凉和通风之处，使之逐渐自然风干或在电风扇下吹干。已风干的标本，如要观察内部结构时，可在标本上小心地切个小窗口，最后把结扎处切除。

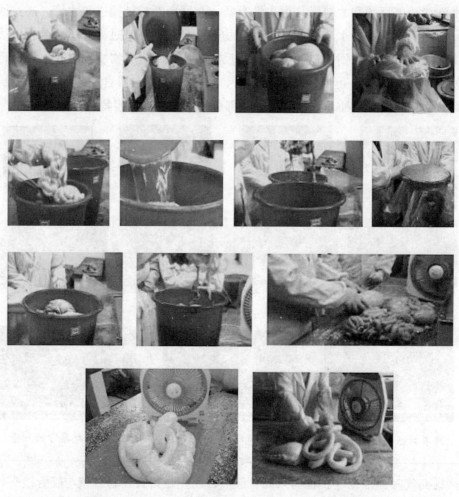

水洗净排气充气稀酒精逐步到高浓度酒精分步，脱水风吹或自然晾干

7. 填充材料及刷漆

风干气存标本在实践教学中，方便使用与携带，但是，难以控制破损漏气的现象，为了保证干制气存标本的原有形态和产品的质量，防止标本在教学中受磨损，可从胃、肠、膀胱等材料的充气管口处，小心填充干燥清洁的废纸屑（粒）或泡沫颗粒或棉花絮等，尤其胃囊腔、肠袋和结肠盘曲的腔隙要从胃、肠充气管口把空腔依次适当填满。最后，用缝线缝合管腔切口，若有破损时，可用牛皮纸将胃、肠管道缺损的部位进行修补、填充，将器官外装进行整形固定。标本外围用清漆涂刷 1 ~ 2 遍，若有条件

也可用喷漆枪喷涂后晾干。干制气存标本涂漆后更加美观，同时还可以防潮、防霉。

　　用同样的方法，做好一套小奶牛胃、肠干制气存标本，显示犊牛以吃奶为主时，皱胃发达、瘤胃退化，以及大、小肠解剖构造、位置、形态特点；这是老山羊多室胃及血管铸型干制气存标本，显示猪舌、食管、单室胃的解剖构造、形态及血管分布特点；这是小仔猪全身脏器干制气存标本，为了保持干制气存标本的清洁及耐用，将制好的干制气存标本放入管形塑纸袋内，用纱布袋包裹1～2粒樟脑卫生丸与塑纸袋固定，抽出塑纸袋内空气、封口并贴好标签，保存陈列；这是羊全身脏器干制气存标本；这是反刍动物多室胃干制气存解剖教学标本；这是猪单室胃干制气存解剖教学标本；这是成年羊四个胃干制气存解剖教学标本，显示器官解剖构造、形态特点。

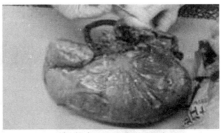

用干棉花填满猪胃空腔并整形

猪胃肠干制气存标本制好后刷漆保存

新艺干制标本清洁无异味形态逼真，教学质量效果都较好

8. 包装贮存

　　在刷漆风干后的标本上贴上标签，显示干制气存标本器官的名称、编号、价值、制作日期等，置于有机玻璃罩内。为了防止干制气存标本遭受外寄生虫的侵袭，可在有机玻璃罩内放些樟脑丸或定期喷洒杀虫剂。也可以用管形塑纸袋临时装入，内放樟脑丸和材料固定，并抽出袋内空气，封口后存放于标本架上备用。

　　新工艺干制气存标本优点是：首先，制作工艺的改变而提高材料的质量。材料采集后进行血管铸型或修补，用75度酒精溶液或5%福尔马林溶液进行材料防腐固定数天，再改用85度、95度至100度的酒精溶液逐渐脱水数天，最后，将材料进行松节油或清漆增光保湿处理，使制作成型的干制标本变得有色彩、有光泽、无刺激气味、形态自然和逼真、品质较好。其次，干制标本的卫生条件改变而提高教学质量。新工艺干制标本风干包装后，对操作使用人员的手臂皮肤无妨害，不影响身体健康。所以，用新工艺干制标

新艺干制标本无异味制作精细卫生、品质好，对身无害

新艺干制标本操作卫生，材料有色无味使用方便

本进行实践教学，老师和学生都喜欢使用，上课效果也有较好的改进。

动物教学干式气存标本制作图示如下：

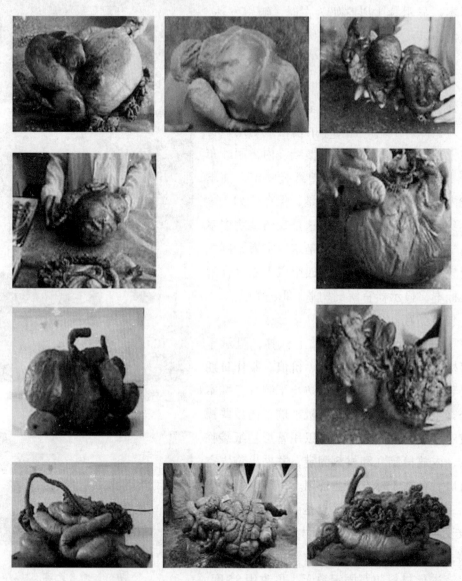

这些是牛、羊、猪内脏器官干制气存解剖教学标本，显示动物器官解剖构造、形态及特点

第六章　动物新工艺产品实验牧医教学干标本的制作

第一节　动物新工艺油制产品实验教学彩干标本制作

1. 原料

畜体动物器官、连体小动物及收集病尸材料。

2. 辅料

畜禽解剖器械、标本液固定箱、瓦缸、动物器官、腔铸型材料、4%福尔马林、工业酒精、酒精比重针、松节油、甘油、石炭酸、董蒸器材。

3. 包装材料

塑封机、樟脑丸、标签牌、标本台架、万能胶、防护手套。

4. 原材料的准备与处理

干式油制标本是用酒精和甘油处理过的材料经过分离而制成的解剖教学干式标本。它的优点是具有一定的弹性，制作不受自然条件的限制，一年四季均可制作；特别适用于小家畜和离体器官解剖教学干式标本的制作；还可用于连体材料肌肉、内脏、血管神经解剖教学干式标本的研制。

将平时收集的小动物和离体脏器材料，如犊牛、羔羊、仔猪、畜禽器官等，根据其解剖构造的教学需要，进行浅层肌肉分离，有色塑料血管铸型材料经过初步处理后，待固定制作。

5. 材料固定、脱水与甘油处理

将器官多余的组织除去之后，把器官放在能保持其固有形状的位置上。为了免于器官变形，在盛有防腐液的器皿底上放一层棉花。取出大动脉和大静脉的血凝块，应用棉花使可能深深地充塞。材料在新鲜状

准备水浴锅等铸型材料

用有色塑料对肝血管铸型

用不同浓度的酒精及甘油分别固定脱水变干

猪心肺肝干制标本

态时加以保存，是很有必要的。因为固定的目的是保存器官的形状与结构，所以将用4%福尔马林固定能使动物骨块会引起一些脆钙作用。在福尔马林中的放置时间由材料的大小来决定。标本平均在福尔马林中固定 3～5 天或更长，而达一个月的。器官在福尔马林中会脱色、失去弹性，并变得非常坚实，这可以说是用福尔马林固定的缺点。

　　用酒精来固定器官，时常是用溶于普通水或蒸馏水中的 70～80 度酒精溶液。酒精浓度过淡是不宜用于固定的，因为低浓度的酒精会使组织松软并促进其解体。同时极浓的酒精会促使组织硬化。必须考虑到新鲜的器官当保存在酒精中时会发生脱水现象，这样促使酒精饱和了水分。因此，在固定器官时最好把第一部分的酒精更换以新的。用过的酒精不必抛弃，可加上一些较浓的酒精，以供别的器官第一次固定时用。

将酒精脱水干制后风干待用

　　要制作这样的标本必须要取得大或中等大小的动物（猫、狗）附有气管的新鲜肺脏，并进行注射肺脏的血管。最好在整个的尸体上进行注射，假如这样做不可能，那么在取出肺脏时必须特别的谨慎，一点也不能损伤。切开胸腔以后，把套管插入肺动脉中。从右心室方面比较容易找到这一血管，在肺动脉从心脏出来的地方把套管扎住。在肺动脉中注入 2.5% 重铬酸钾溶液以固定肺脏。第二天在肺静脉进入心脏的入口处附近把肺静脉切开，经过同一的套管把用一半水稀释过的甘油溶液注入肺脏血管中。有时，未经预先注射重铬酸钾溶液就立即注入甘油溶液。然后把标本自尸体中取出，并封藏在装有等量甘油和水的混合液的瓶中，时间为 1～2 个月。此后将肺脏血管注射以纯甘油并把整个标本浸泡在纯甘油中。最好将标本保存在能悬挂标本的甘油瓶中。如甘油不够，可将肺脏用浸有甘油的棉花包上，然后把它保藏在几乎没有液体的密封的瓶中。欲把肺脏充气，先在气管中插入玻璃管。玻璃管接上橡皮球之后，就把空气压到肺内去。把肺脏从瓶中取出放在盘上，然后才进行充气，这样做比较好。应慢

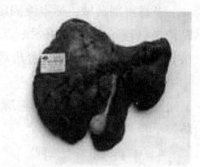

用甘油脱水干制肝脏取出风干

猪内脏器官标本防腐风干成

猪脾脏血管铸型干制标本

慢地把空气压挤到肺脏中去，直到各肺叶完全挺直为止。

特别在开始的时候，最好吹胀肺脏，这是为了肺脏在用甘油固定时不会硬化。在吹胀的肺上会清晰地表现出两侧肺的形状和它所有的细小秸秆。肋骨压迹，叶间的界缘也可看得很清楚，在每一肺叶中并可看出更小的部分——肺小叶。在标本上还可看到：人的肺是呈暗红色的，由于空气中的烟灰和尘粒在肺组织中沉积所致。

动物血管干式材料从松节油中取出后，用注射器或橡皮球紧紧地打满空气。打满了空气以后，细心地扎好其两端，然后把标本悬空挂起。干燥是在室温条件下进行的。经过 2～3 天以后，松节油挥发掉，而标本呈白羚着皮的样子或白的纸版的样子，这时，标本已制成了。肠子揉破了的两端应该剪去。要清楚地看到回盲瓣可在肠壁上剜一小窗。把干了的食道、大小肠的段片沿着纵轴切开，而胃则沿着胃大弯和胃小弯切开。要制作舌的干式标本，应预先修制好舌的所有的肌肉部分。从舌的下面反映软组织修制好。同时必须注意舌部黏膜是不可以割破的。所形成的腔洞须用棉花紧紧地塞住，而腔洞四周的黏膜边缘须加以缝合但不能太紧。以后，标本的固定与处理按上述的方法进行。在放大镜下观察肠与舌的黏膜时可以清楚地看到肠皱襞、绒毛、集合淋巴结以及各式各样的乳头。在未经剖开的大肠段的干式标本上也会清晰地表现出肌膜纤维的方向。用这样的方法不但可以制作器官标本，也可制作整个胚胎及其局部的标本。为了使标本表现得更明显，可用水彩画颜料或油画颜料把各器官、血管与神经很精巧地绘上颜色。

6. 装架或塑封保存

动物器官油制干标本做成后，同样准备好透明管形塑纸袋、樟脑卫生丸（可以保干防虫防蛀）、塑封机、标本牌等，将酒精脱水和甘油浸制的风干成熟标本，分别放进透明管形塑纸袋内，樟脑卫生丸包裹在纱袋里与塑纸袋一起固定，抽出袋内气体，用塑封机封官塑纸袋口，贴好标签牌，即可长期保存。动物连体油制干标本（如犊牛全身肌肉及右侧脏器干制教学标本），按计划分离显示出肌肉系统的形态结构以及局部内脏器官分布情况，在分离过程中随时用浸有固定液的湿布盖好标本，防止标本干燥。标本分离好后，悬吊在阴冷通风的方，吹干表面，并使多余的固定液流出。干式标本做好后，装上台架，刷上清漆，经数日风干而成，每年定期将动物连体大型标本进行董蒸消毒 1～2 次，若有条件者，可以

猪心血管铸型油制干标本

牛心血管铸型油制干标本

在标本台架上安装密闭玻璃罩，内放樟脑卫生丸（块），起到防霉防蛀的作用。

动物油制干标本制作新工艺优点干式油制标本是：采用 70~80 度医用酒精或 5%~10% 福尔马林溶液将材料充分固定，根据制作要求使材料有光泽和色彩，用塑料材料和有机溶剂混溶后，配加油彩颜料进行血管铸型或肌肉纤维和神经分支修补，再用不同的高浓度酒精逐渐将材料脱水，最后，选用松节油或丙三醇将材料再次处理风干后，使干制的材料变得有光泽、无熏人异味、有色彩、干而不枯，润而不湿，形态自然，教学时老师和学生使用方便，教学效果也好。

第二节　动物新工艺塑化产品实验教学彩干标本制作

一、动物解剖塑化教学标本的制作

本项目塑化标本制作是将试验材料利用渗透塑化技术，经过固定、脱水、浸渍和硬化处理等工序后，制作成可以方便用于教学或其他试验用途的一种标本制作方法。长期以来，解剖标本的制作均以福尔马林等有害药物进行浸泡、固定和保存，难免会对广大师生造成伤害。生物塑化标本相对于传统标本来说，更具安全性，更有利于教学和研究。近年来，随着标本制作技术的发展，塑化标本技术成为一种有着较好性能和较广泛应用的标本制作方法，然而由于目前塑化标本的制作工艺复杂，设备多，成本也因此较高。本文旨在探索在低成本的情况下，普通生物实验室就能制作小型塑化标本的方法。

白马羊头颈肌肉塑化教学标本

黑白花犊牛头颈肌肉塑化标本

1. 原材料的采集

小动物为市场上出售的牛马猪羊犬兔家禽鸟等。丙酮、聚乙二醇等均为国产。

2. 防腐灌注与保存

（1）防腐灌注

首先要对试验材料进行防腐处理。本试验采用常规固定方法，即采用 5%~10% 福尔马林溶

狼犬全身肌肉塑化解剖教学标本

液作固定剂。先用 5mL 针筒吸取固定液打入动物体内，然后浸入福尔马林溶液中。为防止动物在溶液中漂浮和变形，需将动物放置在不锈钢支架上，时间为 3～4 天。选择无残伤的动物尸体，经股动脉、颈总动脉或肱动脉（任选其一）插管进行常规福尔马林溶液防腐灌注。

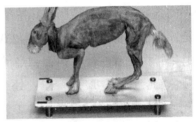

大耳白兔全身肌肉塑化教学标本

（2）防腐保存

尸体防腐固定 10～12 小时后，组织已基本固定，不再发生形态改变。此时，可以撤掉定型的绷带和塑料薄膜，移入 5% 的福尔马林溶液中保存。灌注 15% 的福尔马林溶液保存 2～3 个月或灌注 10% 的福尔马林溶液保存 6 个月左右，即可进行动物尸体解剖。若移入 70% 的酒精内再存放 3 个月，就可大大减少福尔马林的刺激气味。

白罗斯鸡全身肌肉塑化教学标本

（3）灌注充填剂

制作显示血管的塑化标本时，尸体解剖前应在血管内灌注充填剂。常用的充填剂有橡胶充填剂和改性聚苯乙烯充填剂。一般来说，灌注浓度由低到高，到手感压力增大时停止。灌注后 3 天，即可进行解剖。

约克厦猪全身肌肉淋巴结塑化标本

3. 解剖与脱水

（1）解剖：用于制作塑化标本的尸体解剖方法与一般大体标本的解剖方法基本相同，但在具体环节上有一些特殊要求。解剖肌肉标本时，肌腹表面的深筋膜要尽量保留，因为深筋膜对肌纤维有保护作用，如果深筋膜破坏严重，在后期加压灌注塑化剂时，易导致肌纤维或肌束断裂。解剖每一块肌肉时要把相邻肌肉分开，长肌要把起止点暴露清楚，以便后期定型架空固定，显示深层肌。解剖血管和神经时，要特别注意留好各级分支，并加以修整，以备后期血管缩短时修补。因为有些血管经真空浸渍后变得较脆，缩短后其断端对接非常困难。制作骨连接标本时，先要根据肌肉、血管和神经的解剖要求进行解剖，然后把血管、神经分离开来，再将每一块肌肉的起止点切断。制作全身肌标本时，为减轻标本重量、不浪费标本和塑化剂，可将内脏取出。方法是：在腹部沿前正中线

大白鸽全身肌肉塑化解剖教学标本

太湖白鹅全身肌肉塑化解剖教学标本

做矢状切口，将内脏整体掏出，切口在后期硬化时用一条深筋膜修复。为防止空腔器官的内容物（特别是肠道）混入塑化剂，在制作标本时，应尽量清除其内容物。方法是：在小肠剪数个直径 1.5～2.0cm 的圆孔（间距不要太大），经口插管至食管，反复向消化管内注水，使其内容物经剪口处排出。经丙酮脱水后的标本与空气接触时间略长，颜色就会加深，应进行漂白处理。方法是：将标本放入 2%～3% 的过氧化氢中浸泡 2

天，然后于流水下缓慢冲洗 1 天，再放入清水中浸泡 2 天即可。

藏獒犬肌肉脏器塑化解剖教学标本

（2）脱水：标本在用塑化剂浸渍之前需彻底脱水，以利于塑形。脱水有酒精梯度脱水法和丙酮冷冻置换脱水法。酒精脱水常用于需要进行组织观察的标本制作，但其缺点是容易造成较大的皱缩。而丙酮脱水相比之下更省力，而且只会引起微小的皱缩，因而最简单和最常用的脱水方法是低温脱水，脱水剂为丙酮。本试验采用四级丙酮脱水法。将固定好的标本从固定剂中拿出，自来水冲洗干净，放入 25% 丙酮溶液中，约 1 周左右，取出标本，放入 50% 丙酮溶液中，以此类推，直到最后放入 100% 纯丙酮溶液中。由于最后一级丙酮对标本的脱水作用影响较大，因此最后一级丙酮的浸泡时间应稍为延长，2 周后观察效果，之后再更换 2~3 次纯丙酮。温度应控制在 5℃~25℃之间，以避免容器中丙酮挥发过快。

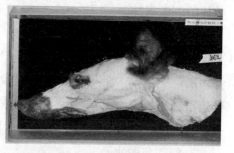

萨摩犬头颈肌肉血管塑化解剖标本

酒精是单纯性脱水剂，一般采用梯度脱水方法，即由低浓度到高浓度逐级脱水。浓度梯度为：70%、80%、90%、95% 至无水酒精，每一级脱水时间为 3～4 天。丙酮具有脱水和脱脂双重作用。进行脱水前，标本温度要预先降至 5℃ 24 小时，丙酮温度要预先降至 -25℃。丙酮用量是标本体积的 5~10 倍，脱水时间为 5 周，中间更换 3 次丙酮。标本经脱水后，还要进行脱脂。若是常温脱水，可延长 1～2 周，进行脱脂；若是低温脱水，需将标本移出，至常温的丙酮内 2～3 周，再进行脱脂。

大耳白兔全身肌肉塑化教学标本

山麻鸭全身肌肉塑化解剖教学标本

4. 塑化

塑化的重点和最重要的步骤就是用可聚合的多聚体代替中介溶剂，因此在选择塑化剂时应尽量选择黏稠度较低易渗透，聚合后柔韧度较高的高分子聚合物作为塑化剂。将标本用注射器注入约15mL分子量600的聚乙二醇，随即放入相同浓度的聚乙二醇中浸泡。本次塑化同样采用梯度浓度浸泡法塑化，第一级即为25%聚乙二醇，其余浓度依次为50%、75%和100%。在室温下，每级浓度的聚乙二醇分别浸泡2天，直到100%的聚乙二醇。2天后，再将标本放入经加热的分子量为6000的聚乙二醇中浸泡10～12小时。真空浸胶是生物塑化技术的中心环节，在真空仓内标本要被塑化剂完全淹没。标本的浸渍时间与塑化剂的黏度和标本的大小成正比。第一阶段压力为–2kPa，第二阶段压力为–3.5～4kPa，第三阶段压力为–5kPa，第四阶段压力为–6kPa，第五阶段压力为–6.5kPa，前4个阶段3～7天，最后一个阶段5～10天。当达到每10cm^{2}范围、5分钟之内少于2个气泡时，表示真空浸渍过程完成。对实质性器官进行压力灌注时，应选择肝门、肾门、脾门等；对空腔器官灌注时多选择在其系膜缘进针注入塑化剂，最后将标本取出，用电风筒将标本吹干。

5. 整形贮存

标本在聚乙二醇600中浸泡并吹干后，要在其未冷却前进行整形。具体办法是在标本未冷却前，将标本取出，用电风筒吹干。用注射器抽取约10mL石蜡，注入标本干瘪的部位，以填充饱满。最后按照用于教学的形态定型，在定型时要注意不能用力过猛，否则可能会造成标本的损坏。需要重新着色的部位用油画颜料上色，干后用固定剂固定。

二、动物解剖塑化教学标本图示

1. 鸭鹅肌肉塑化标本应用解剖教学

2. 黄牛肌肉塑化标本应用于解剖教学

3. 约克厦猪肌肉塑化标本应用解剖教学

4. 鸽水禽肌肉塑化标本用于解剖教学

5. 宠物犬肌肉塑化标本应用解剖教学

6. 犬头颈肌肉塑化标本用于解剖教学

7. 骏马肌肉塑化标本应用解剖教学

8. 藏獒犬肌肉塑化标本用于解剖教学

9. 黄牛肌肉血管塑化解剖教学标本

10. 黄牛蹲跑肌肉塑化标本用于解剖教学

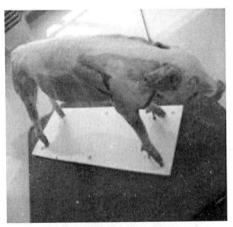

11. 约克厦猪全身肌肉淋巴结塑化标本

12. 萨摩藏獒犬头颈肌肉塑化解剖标本

13. 黄牛全身肌肉塑化解剖教学标本

14. 鸵鸟全身肌肉塑化解剖教学标本

第三节　动物新工艺泡沫器官产品实验教学彩干标本制作

动物新工艺泡沫器官产品实验教学干标本制作工艺流程：

动物胃肠等器官的准备→水洗器官血农管内铸塑填色后乙醇防腐固定→泡沫剂填充动物器官→风干成型刷漆→组装贮存。

一、动物新工艺泡沫器官产品实验教学干标本制作前准备

1. 原料

新鲜的家畜胃、肠、膀胱、气管肺脏等器官。

2. 辅料

灌肠器、解剖器械、打气筒、废乒乓球、丙酮、无水乙醇、藻酸盐、模型石膏、毒瓶、凡士林、适量油画颜料、注射器等。

3. 包装材料

泡沫填缝剂、清漆、漆刷、有机玻璃防护罩、标签牌等。

准备藻酸盐和凡士林制作泡沫器官材料

4. 材料选择

选用新鲜的胃、肠、膀胱、气管肺脏等器官。在尸体上摘取器官时，解剖器械必须规范操作，勿使器官有任何破损，并保持器官的完整形态。

二、动物新工艺泡沫器官产品

通过动物胃肠器官标本的腔外壁血管填色处理、用乙醇等防腐固定、向胃肠腔内填

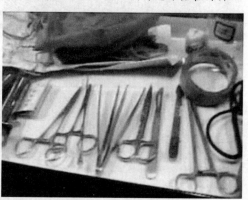

准备教学制作泡沫填缝剂及防护器具

充泡沫填充剂材料成为风干标本的制备方法改性，以增强标本光色和柔韧性，使之成为有色彩和无薰人气味的教学标本，使之既不需要化学试剂浸泡保存，又具有使用取放两便和对人体健康无影响的一种动物器官标本制备方法。能显示器官解剖教学特征，为教学研究提供帮助。

动物胃肠器官干标本的制作方法，包括以下步骤实现：

（1）选用新鲜结构无损的动物胃肠器官，连体无损的器官更有利于填色。

（2）将胃肠器官腔内容物水洗干净。

（3）胃肠腔外壁血管填色处理，先用防腐抗凝液洗净淋血，分别从腹主动脉和肝门静脉插管内分别注满红色和蓝色填充剂，风干待用。

（4）将胃肠内充满空气，封闭进气孔。

（5）防腐固定，将标本淹没于无水乙醇、氯化钠、纯甘油和水等制备成的防腐固定液中固定10～15天。

将胃肠器官水洗用填缝剂血管处理

（6）自然风干后向胃肠腔内填充泡沫膨胀填充剂材料，填满胃肠腔干标本取存两便，显示器官解剖教学特征。

（7）风干刷漆保存或透明盒封存陈列。

采用上述技术方案所达到的技术效果是：所得到的动物胃肠器官标本各部位形态解剖特征，与活体真实胃肠器官形态相同，由于在动物胃肠器官标本的腔外壁血管填色处理、用乙醇等防腐固定、向胃肠腔内填充组合材料成为风干标本的制备方法改性，以增强标本光色和柔韧性，使之成为有色彩和无薰人气味的教学标本，使之既不需要化学试剂浸存，又具有使用取放两便和对人体健康无影响，能很好地满足牧医教学与实践教学等需要的优点，为动物内外科专业基础课教学研究提供帮助。

用填缝剂对胃肠器官分段填充处理

将鸡喉气管内用泡沫填缝剂填充满处理

由动物解剖学知识我们可知，动物胃肠器官是动物腹部普通疾病最易发生起于口腔止于肛门重要的消化管道，它与动物解剖学、动物内外科病学、牛羊猪病防治及兽医临床诊疗技术等多种学科教学与实践研究相联系的重要器官。我们利用动物解剖实验教学后的新鲜报废材料，将器官腔壁血管填色处理，器官腔内防腐与填充重新制成风干标本，常年反复应用于实践教学，可以节省巨额实验费用，教学效果显著提高，为外科手术消化管器官造影的教学与研究提供帮助。本具

用泡沫填缝剂填制成鸡肺气囊胃肠器官

用填缝剂对鹅嗉囊心肝肺胃肠填充成型

体操作的实施例由以下步骤完成：

第一步，选用动物材料为牛、羊、猪、狗、兔等刚刚实验教学剖检报废处理后的新鲜结构无损连体胃肠器官。

第二步，从动物材料的食管口及肛门口处分别用常水分段把胃肠腔内杂物水洗干净。

第三步，从膈肌后上方腹主动脉口、膈肌后下方腔静脉口和肝门静脉处剪 V 型切口，向腹主动脉远心端切口插管内注入 80% 乙醇肝素钠盐水防腐抗凝剂，把动脉管腔内血液经静脉腔排出洗净淋血；分别从腹主动脉插管内向胃肠注满低浓度、高浓度的红色填充剂；同法再从肝门静脉插管内分次向胃肠注满蓝色填充剂，自然风干待用。

第四步，向动物材料胃肠腔内充满空气，小心把胃肠器官无损离体，内翻缝合漏气孔，补足空气恢复胃肠原有形态并封闭所有进气孔。

第五步，用乙醇液对动物气管、肺、胃、肠等离体器官防腐处理。

第六步，用泡沫填充剂分段填充胃肠腔时，要把泡沫填充剂接着喷嘴装好胶枪补填满胃肠腔，及时固定与活体胃肠一样的形态位置，使之制成的动物胃肠干标本取存两便，能显示器官解剖教学特征，为初学者学好解剖消化器官提供帮助；也为临床外科手术消化管造影教学与研究提供参考。

用泡沫填缝剂对动物心肝器官
填充处理

用填缝剂对动物喉气管肺器官
填充成型

用填缝剂制成动物头心肝肺胃肠器
官干标本

用泡沫填缝剂制成鸡头颈气管肺脏
气囊器官

第七步，用泡沫填充剂对动物肺、胃、肠等离体器官分段填充饱满凝固，并用剪刀、镊子去除肺、胃、肠残肉废弃组织和用泡沫填充剂填满器官腔隙凝固后，自然风干刷上进口无色清漆室内保存；也可将制作的动物胃肠器官有色标本，放入装有樟脑杀虫丸的有机透明标本盒内长期密封保存。

用填缝剂制成猪鸡头心肝肺气
囊器官干标本

用泡沫填缝剂制成山羊胃肠等
器官干标本

三、动物新工艺藻酸盐泡沫模型器官实验教学干标本制作

近几十年来，我国农牧院校内动物标本制作方法绝大多数仍是传统甲醛浸泡标本的制作方法，动物教学多见于甲醛浸泡封装湿标本；由于甲醛浸泡封装湿标本无色僵硬直观性差，存取不便教学效果质量都差；而单色标本不能直观地显示外观器官标示多种彩色器官结构名称、少花钱、效果好、取存两便显示多功能动物外寄生虫干标本教学改革优势。

（一）制作器材准备

1.原料：动物解剖实验教学处理后的鸡、猪、羊尸体及气管肺脏心肝胃肠等器官。

2.辅料：灌肠器、解剖器械如碗盆刀剪镊刷子等、无水乙醇、藻酸盐、模型石膏、凡士林、适量油画颜料、有色玻璃硅胶、江边黄粘泥等。

3.包装材料：泡沫填缝剂、清漆、漆刷、有机玻璃防护罩、标签牌等。

准备藻酸盐碗盆刀剪镊及刷子材料

（二）动物标本制作

动物藻酸盐泡沫模型干标本制作目的在于解决上述缺陷，采用让动物藻酸盐泡沫模型标本按照人的要求能够显示动物标本外观多种彩色器官连体并取存两便应用，替代动物活体而进行牧医动物临床课及牧医基础课实训教学，是用乙醇、毒瓶、藻酸盐、凡士林、油画颜料、泡沫填充剂、漆刷、有机玻璃防护罩、标签牌等制成藻酸盐泡沫模型干标本。

准备藻酸盐分离剂石膏粉填缝剂材料

动物解剖实验小动物若死亡很久，身体都已经硬化，肢体关节僵硬，需要软化处理。软化的时候，可以用高温的开水浸泡小动物尸体，大概一个小时左右，检查一下动物尸体，如果关节都可以自由活

准备石膏藻酸盐玻璃硅胶填缝剂器材

动了，就用布把动物尸体多余的水分吸干，准备制作标本。

制作动物藻酸盐泡沫模型干标本前先准备用厚卡纸围着把动物或动物器官标本放入外周空隙二厘米的容器内做底模外罩，用藻酸盐拌匀适量常水成膏状迅速倒入厚卡纸围着容器内，淹埋动物或动物器官标本下一半处待干后再浇灌上一半完成上下两块底模，再将上下两块底模内涂一层凡士林脱模后，用泡沫填充剂填充填满刚翻制的底模动物或动物器官标本成型后脱模，用有色粘胶修补粘贴恢复动物或动物器官标本原有原来解剖器官形态位置，改用有色油漆着色防腐标本保护。动物器官标本外面设置

可以开关透明玻璃防护罩对动物器官标本双重保护。

动物器官标本台架下用小纸片写好动物器官标本的采集地、采集日期、采集者及种名，贴上标本签作为标本查看的基本资料并设置动物器官标本名称说明标签牌、信息教学师生互动微信扫描码、现场解说动物器官标本教学配音播音机盒和开关按钮、标本活动转轮等组成配音轮动标本台架。将制作好的动物器官标本放在通风干燥的地方自然干燥，动物或动物器官的姿势会保持固定，插上先前做好的标本签，然后收藏在标本箱内。动物器官标本能够显示外观多色器官、标本配音转盘轮动、逼真姿态、取存应用两便、替代活体动物教学多功能干标本。此标本能满足农牧院校动物兽医临床课及牧医基础课实训教学与实践等需要。本实用新型多功能干标本，省时省成本实用性强，可批量生产，长年应用不变质，适用于牧医教学陈列教科研等多个领域。

用藻酸盐泡沫填充剂制作藻酸盐泡沫模型干标本不仅能彻底解决甲醛浸泡封装湿标本无色僵硬直观性差，存取不便教学效果质量都差等标本制法缺陷难题；而且能彻底解决原有单色标本教学差制法缺陷，能够直观地显示不同颜色的多种彩色器官、标本干器官涂一层有色油漆着色防腐，在标本外面设置可开关透明弧形防护罩对标本再次保护，使标本教学可观性好又环保，成本低廉、直观好、逼真姿态、教学取存两便多功能干标本，充分体现了标本配音转盘轮动教学取存两便等多功能显示干标本教学改革优势。用同法批量生产此干标本替代活动物节省解剖教学巨额实验经费，将动物干标本几十年不变质反复应用于校内外动物实训教学，将会产生很好地经济效益和社会效益，提高废弃动物材料教学再利用价值和较大的推广应用价值。

用藻酸盐和填缝剂制成鸡头肺气囊干器官

用泡沫填缝剂制成鸡头肺脏气囊等干器官

用藻酸盐和泡沫填缝剂制成山羊头颈胸膜腔及心肺等器官干标本

用藻酸盐和泡沫填缝剂制成羊头颈心肝肺脏等器官模型有色干标本

第七章　水产动物实验牧医教学干标本的制作

第一节　水产动物实验教学干标本制作前的准备

1.原料：新鲜水产动物的活体、动物尸体材料等。

2.辅料：水盆、解剖盘，剪刀，解剖刀，镊子，针，线，老虎钳，铅丝，干棉花，钢卷尺，假眼，毛笔，梳子、口罩、石膏粉、樟脑粉、亚砷酸、肥皂、油灰泥、常水等。

3.包装材料：标本台架、标签牌、玻璃胶、万能胶、清漆等。

标本制作前做好防护工作

4.原材料准备

在淡水动物整体剥制标本制作之前，先要准备好新鲜的水产动物或动物尸体材料、水盆、剥制器材（如：手术器械、腌皮粉、棉花、铁丝、清漆、标本台架）及防护用品等。

第二节　水产动物鳊鱼实验教学干标本的制作

一、鳊鱼整体剥制教学标本的制作过程

鳊鱼整体剥制教学标本的制作过程：在收集鳊鱼材料时应准备好水盆、剥制器材（如：手术器械、义眼、油灰泥、腌皮粉、棉花、丝、清漆、标本台架等）。

鳊鱼标本制作时，将鳊鱼从盆里取出后，放在台板上。用探针刺入鳊鱼心致死。或用湿纱布包裹鱼头轻按鳊鱼嘴及鱼鳃部，使鳊鱼窒息致死。鳊鱼致死后，首先要检查鳊鱼腹侧切口的位置，观察鱼体鳞片的完整情况，以及鳊鱼鳍完好无缺的自然姿态。

鳊鱼皮剥制时，用手术刀在鳊鱼体腹底侧，从鳊鱼胸鳍下前后到肛门处，纵行切开 5~8cm 切口。

操作者掏出鳊鱼鳃及胸腹腔的内容物，放在污物杯内，并及时用湿纱布擦去鳊鱼体血迹，保持鱼鳊鱼体湿润、清洁。再用手术刀小心除去鱼肉、鱼骨。仅保持鱼皮、鱼鳞、鱼鳍的外观完好无损。操作者再将鳊鱼两侧的眼睛分别取出。将腌皮粉按一定的比例进行配制，腌皮粉是动物标本制作中的防腐剂（有毒，可以防虫、防蛀）。操作者要注意戴口罩和乳胶手套进行自我防护。腌皮粉由石膏粉40g、苦矾粉20g、三氧化二砷粉15g、樟脑粉25g混合而成。在鳊鱼皮下颈部、胸部、腹部和尾部均匀地撒上一层腌皮粉，再从鳊鱼鳃、口腔内洒上腌皮粉，将鱼头腌制。根据鱼的体形大小，用一个小方块和"P型"铁丝构成鳊鱼模型支架。鳊鱼支架制作时，可根据实际需要，调整好支架的适当角度。鳊鱼支架的角度变化有三种情况：第一种情况，鳊鱼头低鱼尾高时，使支架"P型"的顶端与下端的角度小于90度；第二种情况，鱼头和鱼尾一样高时，将支架"P型"的顶端与下端制成垂直；第三种情况，鱼头高鱼尾低时，使支架"P型"的顶端与下端的角度大于90度。鳊鱼支架从鳊鱼腹底侧皮下切口处放入鱼腹腔内，起到鱼骨支撑作用。用配好的油灰泥将鱼眼眶和鱼鳃内空隙填满。

用"4号医用"缝合线，将鳊鱼腹底壁切口进行连续缝合。把鳊鱼支架下端固定在标本台柱上，进行鳊鱼体整形，使鱼鳍、鱼尾保持原来自然姿势，用电风扇吹干或放置防凉通风处，经3~5天自然风干后，刷上清漆，保持鳊鱼体干燥、清洁、光亮，可以防潮防霉、防蛀，漆刷好后贴上标签，便于陈列时查找与管理，这样一个活现活跃的鳊鱼标本就可以长期保存了。

二、水产动物鳊鱼实验教学干标本制作图标

1. 将探针刺入鱼心使其致死　2. 在鱼腹底侧切开 8cm 切口

3. 剥离鱼皮剔除肌肉内容物　4. 用腌皮粉腌制鱼头及鱼皮

5. 用油灰泥塞满空隙装鱼眼　6. 用方木块铁丝制成鱼模支架

 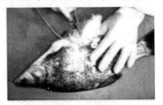

7. 将支架插入鱼枕骨孔内　8. 用干棉花适量填充鱼腹空隙

9. 缝合鱼腹侧切口并适量整形　10. 上漆，使鱼体清洁有光泽

11 标本制好贴上标签陈列保存

第三节　水产动物鲢鱼实验教学干标本的制作步骤

一、水产动物鲢鱼实验教学干标本制作图示

1. 选择鱼体中等较美观新鲜活鱼

2. 先检查鱼头尾鳞片外观完好

3. 再检查鱼体的鱼鳍外观完好无损

4. 用探针刺入鱼心和鱼脑使鱼致死

5. 用湿纱布包裹鱼头使鱼致死

6. 准备湿纱布擦拭血迹保持清洁

7. 从胸鳍到肛门处用手术刀切

8. 在鱼胸鳍下方纵行切开 5～8cm

9. 小心剥去左侧鱼皮剔除鱼肉骨

10. 小心剥去右侧鱼皮剔除鱼肉骨

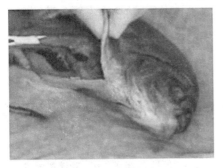

11. 用止血钳掏出鱼肉及内容物

12. 剔除鱼头内鱼鳃，脑及残液

13. 用手术剪从鱼眼框内取出内容物

14. 剥鱼皮仅保持鱼体的外观无损

15. 准备配好苦矾和樟脑等防腐粉

16. 将苦矾和樟脑防腐粉按比例混合成

17. 在鱼胸皮下涂洒一层腌皮防腐粉

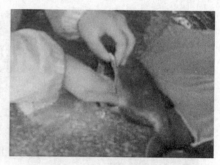

18. 在鱼头、尾部皮下涂洒防腐粉

19. 从鱼鳃内涂洒防腐粉将鱼头腌制

20. 用铁丝制成"P"型模型铁支架

21. 用方木块和 P 型铁丝架制成鱼模

22. 根据鱼体形大小制成鱼标本台柱

23. 支架下端插入标本台柱固定

24. 支架顶端插入鱼头骨孔内固定

25. 支架中端放鱼腹内起作用

26. 准备新鲜的油灰泥填充空隙

27. 用油灰泥将鱼嘴腔内空隙填满

28. 用油灰泥将鱼眼框腮内空隙填满

29. 选用合适的义眼装入鱼眼框内

30. 准备干棉花并用湿纱布擦净鱼体

31. 在鱼尾皮下支架处用干棉填充

32. 在鱼躯干皮下支架处用干棉填充

33.在右皮支架表面用干棉填充

34.鱼腹底壁用4号缝线缝合切口

35.用镊子将鱼眼进行初步处理

36.鱼标本底端固定于台柱上

37.将鱼体左右对称并适当进行整形

38.根据鱼尾鱼鳍的自然姿态进行固定

39.对鱼头口腔鳞片外观进行整形

40.鱼头底鱼尾高鱼嘴半张自然姿态

41.放置阴凉通风处风干后刷上清漆

42.在鱼标本底板贴好标签可保存

第四节　水产动物鳄鱼实验教学干标本的制作

(一) 工具和材料

1. 工具：解剖刀、解剖剪、骨剪、镊子、老虎钳、针、线等。

2. 材料：防腐剂指砒霜、樟脑、肥皂混合、义眼、胶水、厚板纸、回纹针、铅丝等。

(二) 采集和整理

用于剥制的鳄鱼体，选择体形中等外貌美观是最适宜的。挑选时要察看鳍条是否完整鳞片有否脱落，鳄鱼体有否损伤；最好是选择活或刚死不久的鳄鱼。鳄鱼体选好后，先用水冲洗，特别要把口内鳃内的污物洗净。冲洗的时候，水要从头部往下冲，不能倒冲，否则会把鳞片冲脱使之干死。然后用尺测量鳄鱼的身长、胸围、腹部，并做好记录，以便制作标本时作为参考。

(三) 标本的制作

1. 剥皮：剥皮是把鳄鱼体内一切不需要的内脏、肌肉和骨骼清除干净。剥皮时先在解剖盘内铺上一块湿毛巾，以减少鳄鱼体与其他物体的摩擦，避免鳞片脱落，然后用解剖刀在鳄鱼体腹面腹鳍前端插入，再直线向后剖切，经过肛门绕过臀鳍直到尾鳍，将腹部切开。接着用骨剪把腹鳍骨、臀鳍骨剪断，打开腹部，取出内脏，并把鳄鱼体洗净。再用解剖刀从腹部向背部渐次使皮肉分离，分至背鳍基部时，用骨剪或剪刀仔细地把肌肉截断。剥到尾部时将尾鳍前的尾椎骨切断。然后将皮内的残存肌肉和骨骼修剪干净。修剪头部时要特别注意，如果把头骨剪坏了，那就前功尽废。

扬子鳄鱼干标本后装架　　动物水产扬子鳄鱼实验
固定整形晒干刷层清漆　　教学标本展示奔跑姿态

师生共制扬子鳄鱼干标本装架展示奔跑姿态

师生共制长尾扬子鳄鱼干标本用于牧医教学

修整头部的步骤是：①清除鳄鱼头骨内的残存肌肉；②将鳃剪去；③挖去眼球和球窝内的肌肉及脂肪；④挖出脑髓。

2. 整装：取铅丝 1 根，其长度等于鳄鱼体身长，将其前端固定在头骨上，后端插入尾部的中间。然后，在这条铅丝上安上两条铅丝，做成标本铅丝脚，前肢的位置装在胸鳍的下面，后脚装在肛门的前面。标本铅丝脚露出鱼体的长度一般和鳄鱼体的高度相等。在鳄鱼皮里边涂上防腐剂，头部稍微多涂一些。涂后用棉花填塞

扬子鳄鱼干标本正应用于牧医实验教学

在鳄鱼体内至鳄鱼体与原来的胖瘦一样为止。然后用针线从尾部起缝合切口，缝到鳍骨基部时，要另加少量棉花塞紧，一直缝到前端腹鳍下刀口处收口。缝好后，把标本脚的下端固定在木板上，使它直立。

3. 整形：整形时以这条鳄鱼的原来尺寸为标准。其方法是用两手轻捏鳄鱼体，使鳄鱼体内的假肌肉均匀，鳄鱼体的形状与原来的形状相同，再装上义眼。标本干燥后除去鳍部的厚纸板，用毛刷刷去鳄鱼体上的残屑，在缝口的地方，用石膏粉和胶水调和后填补好。然后在鳄鱼体表面涂上光油或松节油是它光亮。

第五节　水产动物龟鳖实验教学干标本的制作

一、水产动物龟鳖实验教学干标本的制作

龟鳖整体剥制标本的操作过程：龟鳖在宰杀时要仰卧保定。先把止血钳放到龟鳖口旁，让其紧紧咬住不放。

将龟鳖头颈提出，让助手保定。操作者用一只手迅速压住甲壳，不让它翻起。另一只手抓住探针，从龟鳖颈腹侧刺入头部枕骨孔内，将龟鳖大脑彻底破坏。再用探针从龟鳖的胸前口处刺入，破坏心脏，使龟鳖致死。

操作用手术刀从龟鳖的胸前口背腹甲之间，沿着骨板间隙韧带纵行切开 3～4cm 长的切口。用剪刀和止血钳掏出肌肉、脂肪、软骨及内容物。从切口处用剪刀将颈椎骨间断，再把甲鱼颈部和头部皮肤慢慢剥离，只保留龟鳖皮和头骨，其余部分必须清除掉。用止血钳夹上棉花，把龟鳖脑浆、残液清除干净。再用一些棉花将甲鱼胸腹腔内残液清除掉。用同样的方法把四肢肌肉和尾肌剔除干净。用腌皮混合粉从切口内，将头、颈、胸、腹部等替代颈椎骨起到支撑作用。放支架时，要把支架末端铁丝插入龟鳖尾部固定，支架中端固定其背腹甲，将龟鳖皮内翻恢复原状后，用止血钳将头部拉出，将头、颈部塞满油灰泥，把支架前端铁丝插入龟鳖头部枕骨孔内进行固定。龟鳖标本制成后，进行适当整形，刷上清漆，贴好标签，让其自然风干后，这样龟鳖标

本就可以陈列保存。

二、水产动物龟鳖实验教学干标本制作图示

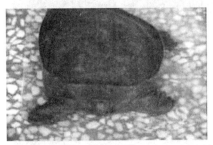

1. 选好外观完好中等大甲鱼（鳖）

2. 甲鱼宰杀时要仰卧保定

3. 剪开甲鱼胸口掏出内容物

4. 剪段颈椎骨去除残肉

5. 用手术机械剔除肌肉及内容物

6. 用棉花清除脑浆

7. 在甲鱼背腹甲切口内掏出内容物

8. 皮防腐粉腌制甲鱼头颈

9.用腌皮防腐粉腌制颈胸部

10.将胸腹部空腔内用油灰泥填满

11.油灰泥填满后将甲鱼头外翻拉出

12.把铁丝支架中端固定在背甲内

13.将铁丝支架末端插入甲鱼尾部固定

14.把支架前端插入鱼头枕骨孔内

15.鳖干制标本就已做好了

16.师生现场共制长尾龟实验教学干标本

第六节　水产动物螃蟹实验教学干标本的制作

一、水产动物螃蟹实验教学干标本的制作

螃蟹剥制干式标本制作过程：其制法较简单，有利于初学者业余时间进行练习与操作。

螃蟹标本制作用探针缓慢刺入螃蟹的脑和心脏进行彻底破坏，使螃蟹致死。螃蟹致死后，掏除螃蟹甲壳内的肌肉、软骨、内脏及内容物，仅保留蟹壳形态。

用同样的方法分别把螃蟹四对肢上的残肉和残液清除掉。螃蟹腌制、整形，刷上清漆，贴好标签，放置阴凉通风处自然风干，这样，螃蟹标本就可以存放陈列了。

1. 器械材料的准备

2. 用器械将蟹体壳皮肌分离开

3. 夹棉絮将肢上残渣清理

4. 从蟹螯肢壳关节处剪开小口

5. 将蟹螯肢涂刷清漆保存

6. 动物教学实验螃蟹干制标本

二、水产动物螃蟹实验教学干标本的制作图示

1. 准备好新鲜无损的中等螃蟹

2. 检查蟹体螯壳肢外表应完好美观

3. 用手抓住螃蟹右肢体壳固定不动

4. 用探针刺入蟹脑而使螃蟹致死

5. 用器械将蟹体壳皮肌分离开

6. 用器械将蟹体壳皮肌分离开

7. 用镊子手术刀将蟹体腔内脏去除

8. 将蟹体腔内的内容物剔除干净

9. 蟹体腔内残渣液除净后仅留蟹壳

10. 从蟹肢外壳的活动关节处剪小口

11. 再用干棉球清理蟹螯腔内残液

12. 准备配制好的腌皮防腐粉涂洒蟹壳

13. 从蟹体壳蟹螯腔内涂洒腌皮粉

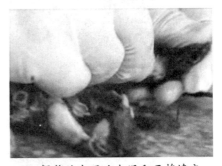

14. 蟹螯腔内用油灰泥和干棉填充

15. 蟹壳腔内用油灰泥罩紧蟹壳

16. 将螃蟹标本安装在台架上保存

第七节 水产动物龙虾实验教学干标本的制作

一、水产动物龙虾实验教学干标本的制作

龙虾整体剥制标本的操作同上螃蟹操作；龙虾宰杀将虾脑、心及脊髓进行破坏，使龙虾慢慢致死。将虾壳分离拉开，用剪刀把虾壳内容物剔除干净，用剪刀将残肉掏除。再用棉花把鳌壳腔内残液清理干净。用腌皮粉混合粉对虾壳腔内腌制。把虾壳腔内填满油灰泥，盖紧虾壳整形处理。龙虾标本制好后，贴上标签。刷上清漆，经数日自然风干后，龙虾标本就可以长期保存。

二、水产动物龙虾实验教学干标本的制作图示

1. 准备好既新鲜又美观的龙虾　2. 选择好虾体肢尾完美的龙虾

3. 用深针破坏虾脑致死　4. 用剪刀将虾壳内脏及内容物除去

5. 把龙虾钳状关节内残肉清理干净　6. 虾壳内残肉除去后准备防腐粉

7. 用腌皮防腐粉对虾环节腔腌制

8. 腌制虾体壳空腔

9. 把龙虾体壳腔内填满油灰泥

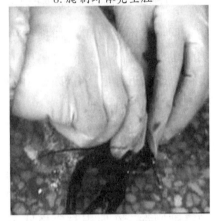

10. 虾壳腔内填满油灰泥后紧盖虾壳

11. 对龙虾腹部环节整形

12. 龙虾标本制后刷漆, 风干保存

第八章　生物昆虫实验牧医教学标本的制作

第一节　生物昆虫实验教学干标本制作前材料的准备

一、生物昆虫实验教学标本制作前工具准备

1. 捕虫网：捕网主要用于捕捉空中飞行的昆虫，如蝶蛾类、蜻蜓等；扫网主要用于捕捉栖息在低矮植物上或临近地面、善于飞跳的小型昆虫；水网是捕捞水栖昆虫的一种工具。

2. 毒瓶：一般选用质量较好的磨砂口广口瓶，也有利用罐头玻璃瓶加配塑料盖的。毒瓶内装有毒剂。专业采集用的毒瓶，毒剂使用氰化钾（或氰化钠），它的毒力较强，昆虫入瓶后可迅速致死。由于瓶中毒剂剧毒，在使用时要格外小心，要特别注意安全。学生采集时也可选用脱脂棉蘸上适量的乙醚或醋酸乙烷作毒剂，放在瓶底，上面盖上一块纸板或薄塑料板，板上打些小孔，做成毒瓶。还可用苦桃仁、枇杷仁、青核桃皮及月桂树叶等，捣碎，用纱布包好，放入瓶底，推平，再盖一有孔的硬纸板，也有一定毒效。用后两种毒剂制成的毒瓶比较安全。

生物昆虫实验教学标本制作前捕虫网的准备

3. 三角纸袋：昆包用来保存鳞翅目昆虫标本。三角纸袋的材料一般选用半透明纸，裁成长宽3:2的长方形纸块，然后折叠而成。

4. 其他用品：大小镊子、小剪子、手持放大镜、软毛笔、指形玻璃管、小铁铲、小铁纱笼、木标本盒、铅笔、记录本及小小标签等，如需要可置备诱虫灯具，如黑光灯、手电筒等。

生物昆虫实验教学标本制作前昆虫捕集网的准备

二、生物昆虫实验教学干标本制作器材准备

1. 展翅板：展翅板是用来展开蝶类、蛾类等昆虫翅膀的工具，用木板制成。展翅板底部是一整块木板、上面钉上两块木板，两板微向中间倾斜，中间留一适当缝隙，缝隙底板上装有软木。用法：用昆虫针将昆虫插在展翅板缝隙底板的软木上，把翅展开，用大头针和纸条把翅压住，直到虫体干燥为止。

生物昆虫实验教学标本收集瓶器具的准备

2. 三级板：平均台是一块长65mm，宽24mm的长方形木块，高分为三级，第一级9mm，第二级为18mm，第三级为27mm。每阶中央都有一个上下贯通的能够插进昆虫针的小孔。三级板的作用是，可以把各个昆虫标本在昆虫针上的位置调整在一致的高度上。

把收集的昆虫放入毒塑纸袋握紧袋口

用法：将较小的昆虫标本放于最高一级上，较大的昆虫放在第二级上，然后分别用昆虫针穿通昆虫身体，针的上部留出全针长度的四分之一，通过三级板上的小孔，将针尖直抵三级板的底面。再将标签放在最底一级上，用针穿过，这样，昆虫标本的高度及标签在针上的高度都一致了，以使制出的标本整齐、规范。

待袋内乙醚杀死昆虫分装保存

3. 软化器：软化器是软化已经干燥的昆虫标本的一种玻璃容器，中间有孔的玻璃板隔成上下两部分。容底器上铺上一层湿沙。为了防霉，沙中可加少量苯酚。隔板上放置被处理的干燥昆虫。容器顶部有启闭灵便的玻璃盖。软化的时间，在夏季只需要3~4天，在冬季即要一周多的时间。已经干燥的昆虫，经软化后，再制成标本时即不易损伤了。

4. 幼虫吹胀干燥器：这是用来制昆虫幼虫的工具。

5. 注射器：备置几种大小不同的医用注射器即可。

6. 小剪刀和小镊子：蝴蝶标本制作过程中，不要直接用手去拿标本，以免损坏翅、足、触角和须，而须用镊子。镊子宜细，可用集邮用的镊子或眼科医生用的镊子。镊子的头不宜太尖，更不宜太粗，以免损坏标本。小剪刀备作剪纸条用。

7. 大头针：普通文具店有小盒出售。用以临时固定纸条用。当然也可用虫针来代替，但虫针的价较贵，作大头针用针头损坏了可惜。

8. 昆虫针：昆虫针主要是对虫体和标签起支持固定的作用。针的顶端镶以铜丝制

成的小针帽，便于手捏移动标本。按针的长短粗细，昆虫针有好几种类型，0至5号针每增加一号其直径增加1mm，可根据虫体大小分别选用。

9. 标本柜：标本盒多了须用橱装，橱的形式各地也不一致，我们用的是二截对开门式，即每一橱分上下2段，每段分左右2栏，双开门，每栏装12盒标本，一橱共装48盒，每段底部有抽屉，其中可贮大量的熏蒸杀虫剂及去湿剂。

10. 标本盒：经过制作的标本，应保存在标本盒内，如经济条件允许可定制一批标本盒，可自制用厚度在45mm以上的木盒或纸盒改制，玻面木盒，周围裱漆布，盒底衬软木或泡沫塑料。盒内一角放一樟脑块，周围斜插虫针使其固定，标本依其种类与所属类群整齐排列平插在里面。如标本过多，盒子不敷用时，也可斜插以节省地方。

三、生物昆虫实验教学干标本制作前昆虫标本的采集

1. 采集行动迟缓的昆虫，其虽然会飞但是常常停息，不需要用捕虫网去捕，可以用镊子去捉，捉住以后，放进毒瓶。

2. 毒瓶里积存的昆虫不要过多，免得昆虫互相碰撞，损坏触角、翅、腿等部分。从毒瓶里拿出来的甲虫，可以暂时保存在三角纸包可以用废纸做成里，再把三角纸包放进采集箱中。有些昆虫，触角和腿很容易脱落，不适于放在三角纸包里，那就应该放在指形玻璃管里。

用昆虫捕集网收集生物昆虫实验教学标本

3. 每采集到一种昆虫，都要用肉眼或者放大镜进行初步观察，并且要做记录，把采集地点、采集日期、采集人姓名、昆虫的生活习性如栖息的环境、危害的农作物、危害的状况，尽可能详细地写在记录本上。最好把被害的植物也一同采集来。将昆虫从毒瓶里取出，分别放在三角纸包或指形玻璃管里的时候，应该系上或装进临时标签，标签上注明采集地点、采集日期和采集人姓名。

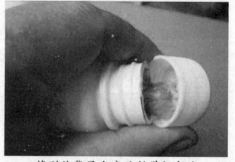

将刚收集昆虫实验教学标本放入收集瓶内临时保存

4. 毒瓶里放的毒物对人体也有剧毒，因此使用毒瓶时要特别小心。千万不要把手伸进毒瓶里，不要把食物跟毒瓶放在一起。拿过毒瓶以后，一定要先把手洗干净，然后再吃东西。

四、生物昆虫实验教学干标本制作保存注意事项

1.防潮防霉：标本制作时必须充分干燥，可以减少发霉的机会，但在雨水多地区与梅雨季节，还是难免发霉，应早做准备，在盒内或橱内或放吸湿剂，或于室内装抽湿机。如见标本已经发霉，可用无水酒精以软毛笔刷洗。

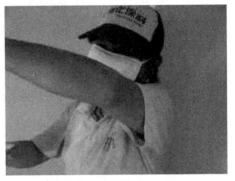

夜晚收集甲虫等飞虫标本时要
注意好自身防护

2.防鼠防虫：防鼠容易只要房门和橱门严密，即可做到。防虫则难如珠甲、出尾虫，虫体很小，虫卵更小，除成虫、幼虫能从盒缝钻入外，虫卵也可随尘灰吹落，所以除房门、橱门外，盒盖也要严密，少开。盒内随时保持驱虫剂或杀虫剂浓烈的气味。如见盒内有虫蜕或标本下有粉末（虫粪）存在，证明盒内已有蛀虫，须用毛笔刷去虫蜕及虫粪，用镊子压死活虫，用吸管将二甲苯滴在落虫粪的昆虫身上（二甲苯也可用来杀霉菌），可把蛀虫杀死。

3.标本盒子：防尘防阳光少开，密闭尘灰落入少；门窗少开见阳光的时间就短；窗上加帘子防止阳光直接照在标本上。当无人展览标本盒时覆盖黑布，可以延长因日照褪色的时间。为了保护标本免受损坏，最好随时检查并每年1～2次用药剂熏蒸。

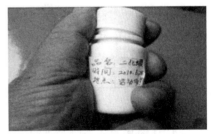

插吸管盖紧瓶盖并在瓶上写全
标签以便查用

4.选择适宜的采集季节和时间：昆虫的种类繁多，生活习性各异，各不相同。即使同一昆虫，一年内发生的世代发生的时间也在不同地区或不同环境也不尽相同。因此，要想采到理想的昆虫，首先要学习和掌握必要的昆虫知识，以期达到预期的采集效果。一般说，每年晚春到秋末是昆虫的适宜季节，但在我国南方的一些地区有一些昆虫没有明显的冬眠阶段，而在北方每到冬季成虫虽少，可是认真采集往往能得到许多材料。例如某些昆虫的卵、幼虫、蛹以及成虫等。采集的时间也要根据不同种

将干布软纸包裹刚采集的花虫叶待制
标本

类而定。例如白天或夜晚、天晴与天阴等等，不同的昆虫活动是不一样的。

5.选择适宜的采集地点和环境：不同种类的昆虫地理分布不同，栖居环境各异。因此要熟悉它们的分布地点和环境以利采集。

6.采集要全：采集时不仅将雌雄个体采全，还要尽可能将同种昆虫的卵、幼虫、蛹、成虫采全。

7. 做好记录：外出采集，应随身携带记录本，凡能观察到的事项都要记录下来。例如采集地点、时间、日期、采集人、昆虫的采集号码、体色、生态环境、发生数量及取食方式、为害程度、天敌等。

第二节　生物昆虫实验教学干标本的制作

一、生物蜂蝇实验教学干标本的制作

1. 采集工具有捕虫网：用来捉正在飞的蜂蝇。制作捕虫网虫时，制作捕虫网时，先用粗铁比弯成直径约25cm的圈子，再用尼龙纱缝制网袋。

2. 毒瓶：将采到的蜂蝇先用毒瓶杀死，死得越快，标本越完整，否则乱爬，容易缺胳膊掉腿，如果瓶破损要挖坑深埋。

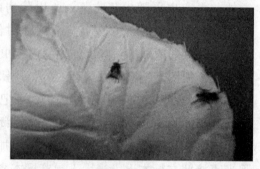

生物苍蝇树叶标本

3. 采集背包：用帆布制作，里面缝上几个小口袋，用来放毒瓶、玻璃瓶及其他用具。

4. 其他用具：镊子、放大镜、小刀、剪子、玻璃瓶等。

5. 蜂蝇标本：应尽量设法保持其完整，若有损坏，就会失去应用价值。蜂蝇的翅、足、触角极易碰损，故应避免直接用手捕捉。在制作标本前，应用放大镜仔细检查，选择完整的。

生物花蜂草叶标本

二、生物飞蛾实验教学干标本的制作

1. 插针取已还软的标本，用镊子轻轻压开四翅，选适当大小的虫针，端正地从中胸背面正中垂直插入，穿透到腹面，虫针尾部在胸部背面处留出。如不能正确掌握长度，可用三级板来量。因为三级板每级的高度是 8mm。

2. 展翅、整姿首先整理六足，使其紧贴在身体的腹面，不要伸展或折断，其次使触角向前，腹部平直向后，然后将插有飞蛾的虫针插入展翅板沟槽内，使飞蛾的身体正好处在沟槽中，插入的深度使蝶翅基部与身体连接处正好和板面在同一水平上。然后双手各用 1 枚细虫针同时将一对前翅向前拨移，使两前翅的后缘连成一条直线，并与身体的纵轴成直角（细虫针拨的位置最好在剪边前缘的中部、第一条脉纹的后面，因为前翅第一条脉最粗，不致将翅撕破）。暂时将此二针插在展翅板上固定。然后另取 2 枚细虫针左右同时拨移后翅向前，使后翅的前缘多少被前翅后缘所盖住，那时后翅暴露面最广，也符合蛾子飞翔时的自然姿态，将此两细针插在展翅板上临时固定。

生物飞蛾绿叶标本　　生物黄飞蛾标本

生物飞蛾花草叶标本　生物黑斑飞蛾教学标本

生物粉飞蛾教学标本　　生物飞蛾花树叶标本

3. 将薄而光滑的纸用剪子剪出若干一定宽度的狭条，放在蛾翅的上面，将纸条绊紧，两头用大头针钉住，再将触角及腹部拨正，也可用大头针插在那些部位的旁边板上，使飞蛾全体保持最优美的状态，然后将四翅上的细虫针小心拨去（只留胸部 1 枚虫针），原先翅上所刺的孔会自然合起，不会留下小孔。大头针切不可插在虫体或翅上，否则会留下孔洞。

4. 在包飞蛾的三角纸上记有采集地点、日期等字样，注意剪下，附插在旁边。把飞蛾的展翅板应放在避尘、防虫的地方（如纱橱）阴干，或在温箱中烘干。如果不是霉雨天，一星期大约可以阴干。小心除去大头针和纸条，将虫针连标本从展翅的沟槽中取出即成。为了加速干燥，也有人使用理发用的暖风机吹干，则一会工夫就能将标本做好。

5. 如果是飞蛾死的时间过久，虫体已经干硬，要放在软化器内进行软化，以免在

制作过程中其触角、附肢等发生断折和脱落现象。新采回来的飞蛾,用昆虫针插制起来。将针上的飞蛾标本插在展翅板的软木上,展开翅膀,把纸条压在翅膀的基部,用大头针把纸条钉好。然后整理翅膀,使其左右对称,然后在翅端的地方也用纸条压住并钉好。这样,一般经过10天左右,标本就完全干燥了。已经干燥的昆虫,就可以从展翅板上取下,保存在标本盒中。

三、生物蝴蝶实验教学干标本的制作

1. 软化蝴蝶:把死变硬蝴蝶先放在盛着潮湿砂土的盒内再加盖,约2~3天可软化。为防蝶体因湿度大而发霉,可将苯酚或甲醛溶液数滴滴于砂盒内。

2. 插针:用镊子夹取软化后的蝴蝶,仔细将翅膀分开。用缝衣针从虫体的中胸背部正中插入,通过两足之间穿出。

3. 展翅整姿:在展翅板上将尚未干枯的蝴蝶进行展翅整姿。展翅板可用软木或泡沫塑料制成,厚1.5~1.3厘米、宽8厘米,长15~25厘米,中间还要开一深1厘米、宽1.5厘米的沟槽,一次可整展2~5只。操作时将插好针的蝴蝶沿着展翅板沟槽插到软木板上,使蝴蝶的躯体正好置于沟槽中。翅的基部要和展翅板的平面平行,并用镊子将翅膀向左右展开,使前翅后系跟虫体成一直角。然后用两片纸条压在两对翅上,每片纸的两端用针固定,对处于沟槽中的蝴蝶腹部,要有纸片托住以防下垂。总之,在展翅整姿过程中要尽可能地保持蝴蝶的自然美姿。

4. 脱水干燥:经展翅整姿的蝴蝶,要及时放在干燥器中脱水干燥,也可放在通风处5~7天自然干燥。切忌阳光曝晒。阴雨季节要防止其发霉变质。

5. 整形、命名:虫体在干燥时,要

将刚采集彩叶蝴蝶放于　　将蝴蝶上下覆盖吸水
纱布或软纸内整形　　软纸干燥固定

将蝴蝶标本放平于干棉　　用镊子夹插虫针将蝴
和玻璃纸固定好　　蝶头尾纸固定好

将蝴蝶触角须和前翅膀用插虫针固定

用剪刀钳子压平纸让蝴蝶标本自然风干

注意整形，使其显示出栩栩如生的状态。然后通过查索表或图鉴，给标本命名，可采用林奈的双名法，写出科名和种名于标签上。另外还要写上产地、采集者和时间等。

6.装盒：将充分干燥的蝴蝶标本细心地从展翅板上取下，按类整齐插入泡沫塑料上，装入玻璃标本盒中。为防虫蛀，盒内可放 1～2 粒樟脑丸。标本盒贴上标签，将标本盒置于通风干燥处保存。

四、生物昆虫实验教学蝴蝶标本的制作图示

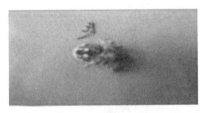

1. 生物昆虫实验牧医教学蜘蛛标本　　2. 生物昆虫实验牧医教学蜘蛛标本

3. 生物昆虫实验牧医教学蟋蟀标本　　4. 生物昆虫实验牧医教学苍蝇标本

5. 生物昆虫实验牧医教学花碟虫标本　　6. 生物昆虫实验牧医教学蝴蝶展翅姿态

7. 生物昆虫实验牧医教学蝴蝶展翅标本

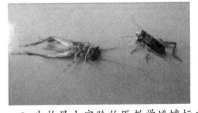

8. 生物昆虫实验牧医教学菜心虫标本　　9. 生物昆虫实验牧医教学蟋蟀标本

五、生物幼小昆虫实验教学标本的欣赏

1. 生物昆虫实验牧医教学黑毛虫标本

2. 生物昆虫实验牧医教学蟋蟀标本

3. 生物昆虫实验牧医教学苍蝇树叶标本

4. 生物昆虫实验牧医教学黑毛虫标本

5. 生物昆虫实验牧医教学苍蚊花叶标本

6. 生物昆虫实验牧医教学花蝶枝叶标本

7. 生物昆虫实验牧医教学避蜱标本

8. 生物昆虫实验牧医教学蝎虫标本

9. 生物昆虫实验牧医教学巨蚊标本

10. 生物昆虫实验牧医教学野蚊标本

六、生物蜈蚣实验教学干标本的制作

1.毒瓶：将采到的蜈蚣先用毒瓶杀死，死得越快，标本越完整，否则乱爬，容易缺胳膊掉腿或者损坏材料。瓶宜选择广口的，配上塞得密的橡皮塞或软木塞。瓶内的药液通常用氰化钾剧毒，通常也可以用敌敌畏，先置瓶底，上铺细木屑压实，两层各厚 25～40mm，最后盖上石膏粉，喷水，使结成硬块。为保持毒瓶的清洁和干燥，可在瓶内放吸水纸，经常更换。操作时应注意皮肤不能沾到有毒溶液，如果瓶破损要挖坑深埋。

生物蜈蚣卷曲姿态标本　　生物蜈蚣爬行自然姿态标本

生物蜈蚣弯曲正面姿态标本　生物蜈蚣弯曲反面姿态标本

2.采集背包：用帆布制作，里面缝上几个小口袋，用来放毒瓶、玻璃瓶及其他用具。镊子、放大镜、小刀、长钳子、玻璃瓶等。

3.蜈蚣标本应尽量设法保持其完整，若有损坏，就会失去应用价值。蜈蚣的足、环节极易碰损，故应避免直接用手捕捉。在制作标本前，应用放大镜仔细检查，选择完整的。

生物蜈蚣与蟾蜍斗智标本

4.蜈蚣标本的制作时，插针在蜈蚣毒死以后，在12小时以内，趁虫体还没有变硬之前，用昆虫针插起来固定。昆虫针分为1、2、3、4、5五

生物蜈蚣战胜蟾蜍斗智标本

种型号，1号最细，5号最粗，蜈蚣成虫将分别针插在头、胸、腹、尾部的中央，针要垂直插入，针的顶端和昆虫身体之间，要留2～3cm左右的距离，便于拿取；再把蜈蚣姿态整理好。最后插上小标签，写明标本名称、采集日期、采集地点、采集人。此后等标本干燥拿下来放在标本盒贮藏，并放入樟脑防蛀卫生。

七、生物甲虫实验教学干标本的制作

1. 虫体软化：死亡很久的甲虫，身体都已经硬化，肢体关节僵硬，需要软化处理。软化的时候，可以用高温的开水浸泡虫子，大概一个小时左右，检查一下虫体，如果关节和触角都可以自由活动了，就用布或卫生纸把虫子多余的水分吸干，准备制作标本。如果虫子才死亡不久，身体还没僵硬，就可以直接做标本。

生物甲虫实验教学自然外貌姿态干制标本

2. 插针：依据虫子体型大小选择粗细合适的针，在虫子右边翅鞘、靠近左右翅鞘相接的位置，从上方垂直插入，让虫针在翅鞘上方大概留1cm的长度，再垂直固定在甲虫底板上，让甲虫身体腹面平贴底板上。

3. 展足：展足的时候，把握前脚向前，中、后脚向后的原则，用尖镊子调整各脚的位置，让左右两侧的脚看起来很对称，再用大头针把脚固定在底板上。

生物蝉虫壳立草姿标本　生物蝉虫壳立叶姿标本

4. 固定触角：依左右对称的原则，用尖镊子或大头针调整触角与口器，达到适当、美观的位置，再以大头针加以固定。

5. 填写标本签：用小纸片写好甲虫标本的采集地、采集日期、采集者及种名，贴上标本签作为标本查看的基本资料。

6. 干燥：将制作好的甲虫标本放在通风干燥的地方，几个星期后，标本就可以自然干燥。或用定温箱烘烤，这样能缩短标本干燥的时间。

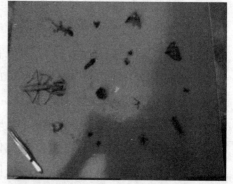

生物彩虫实验教学自然外貌姿态干制标本

7. 收藏：干燥后的标本，虫子的姿势会保持固定，就可以把大头针拔掉，然后把标本拿下来，插上先前做好的标本签，然后收藏在标本箱内。

昆虫教学标本图示

1. 阳彩臂金龟昆虫解剖教学标本　　　2. 阳彩臂金龟长嘴昆虫解剖教学标本

3. 日本黄背蝗昆虫解剖教学标本　　　4. 锹甲星步蛉天牛昆虫解剖教学标本

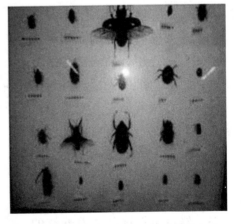

5. 猎负蜡叶甲天牛昆虫解剖教学标本　　6. 臂金龟锹甲天牛昆虫解剖教学标本

八、生物蚱蜢实验教学干标本的制作

（一）生物昆虫蚱蜢实验教学标本制作

1.把采集来的不需要展翅的蚱蜢放在三级板上，让蚱蜢的背面向上，将针垂直地插入蚱蜢体内。插针的部位一般是在前翅之间的胸部中央。针插入虫体以后，把针倒转过来，插到三级板第一级的小孔中，使虫体背面露出的针的高度跟三级板第一级的高度相等。这样，每个蚱蜢标本在针上的高度就一致了。

2.翅膀较大的蚱蜢，需要先做展翅工作。把采集来的蚱蜢放在展翅板的纵缝里，用针把蚱蜢固定在缝底的软木底板上，把翅展平，使左右四翅对称，用条压住翅的基部，用大头针把纸条钉好，把触角和三对足整理好。等到虫体完全干燥以后，从展翅板上取下来，放在三级板上调整好蚱蜢在针上的高度。

3.身体微小的蚱蜢，不能用针插入虫体，这就需要先将蚱蜢用胶水粘在三角纸的尖端，再用针插入三角纸基部的中央，将三角纸的尖端转向针的左边，然后把针倒着插进三级板第一级的小孔中，使三角纸上露出的针的高度，跟三级板第一级的高度相等。

4.将针插在蚱蜢上以后，要用镊子整理一下触角、翅和足，使蚱蜢合乎自然状态。然后再把这些插着蚱蜢的针插过标签中央，在标签上已经预先注明了应该填明的事项，如蚱蜢名称、采集地点、采集日期、采集人姓名。把

蚱蜢与柳桃花欣赏（1）　　蚱蜢与柳桃花欣赏（2）

蚱蜢与柳桃花欣赏（3）　　蚱蜢与柳桃花欣赏（4）

蚱蜢与花叶欣赏（5）　　蚱蜢与牵牛花欣赏（6）

生物蚱蜢立花枝叶实验牧医教学标本欣赏

生物蚱蜢与花叶果实验牧医教学标本欣赏

这些插着蚱螂和标签的针再插入三级板第二级的小孔中，使标签下方的高度跟三级板第二级的高度相等。这时候，干制蚱螂标本就制成了。应该把这些标本放在通风的地方阴干，完全干燥以后，放入标本匣中保存。匣中需要放入樟脑，以防虫蛀。

(二) 生物昆虫蚱螂实验教学标本的制作

1. 小心采集蚱螂标本

2. 将花枝连同蚱螂待做标本

3. 用灸针从蚱螂枕骨孔内捣碎脑致死

4. 将蚱螂头、尾、前后翅膀和纸固定好

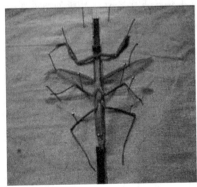
5. 将蚱螂两侧三足、前后翅和纸固定

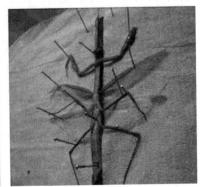
6. 蚱螂形态固定后待塑封昆虫标本即成

九、生物蝗虫实验教学干标本的制作

1. 杀死：蝗虫要想制作形体完整、色彩和形态都栩栩如生的标本，常常需要用刚刚捕捉到的新鲜活蝗虫，让其在短时间内迅速死亡，可用毒性大、击倒力强的杀虫剂如三氯甲烷、四氯化碳等药剂来自制毒瓶。毒瓶可采用广口的玻璃瓶来制作，瓶口的大小可根据虫体的大小而定，瓶塞宜用软木塞，不能用易被腐蚀的橡皮塞。先在瓶底放些木屑，然后将药液倒入，以达到刚好饱和，药液不外流为度，再用厚长纸将药层盖住。纸片上要有几个透气孔，使毒气能够透出。

生物蝗虫实验教学自然外貌立姿标本

生物蝗虫及花枝叶实验牧教学标本

2. 去除内脏：在制作标本前，必须先将蝗虫的内脏取出，便于针插后能迅速干燥。解剖时可用镊子直接从虫的颈部和前胸背连接膜处插入，取出各个脏器。在腹部侧面沿背板和腹板的连接膜处剪开一个口子，然后用镊子取出脏器。接着用脱脂捏成一长条状的棉花栓，用镊子将其慢慢地塞入已掏空的蝎子腹腔内，保持虫体原来的体形。

生物蝗虫实验自然外貌仰望姿态牧医教学标本

3. 初步保存：蝗虫被毒气杀死后，应尽早将其从毒瓶中取出，除去内脏后，放在预先制备好的棉纸包内，以避免携带时使蝗虫遭到挤压而变形受损。棉纸包的纸，宜选用吸水性好的，将其剪成方块，大小根据蝗虫的大小而定，以恰好能包住蝗虫为度。脱脂棉可扯取一块约0.5cm厚、比纸稍小一点的小块，压平后放在纸片中间。最好再备一小张白纸附置在脱脂棉上，作为临时棉签，以记载采集的时间和地点等。

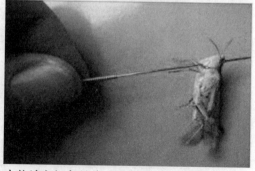

生物蝗虫标本制作时将灸针捣碎脑髓蝗虫致死

4. 还软：干燥变硬后的虫壳一般都会发脆，若不采取措施使其软化，很可能一碰就会碎成小片，所以在插针之前必须使其还软。

5. 针插：固定蝗虫标本用的针，系用不锈钢制成，从0至5号的针都带有针帽。

对于死后还未干燥变硬的或是还软后的蝗虫，都是用上述的针将其固定起来的。使用哪号针，应根据蝗虫的大小来定。插针开始时，先将要制作的蝗虫放在刺虫台或桌缝上，再根据蝗虫的大小，选用合适的号针，针插头、胸、腹、尾部的背中线中央。

6. 整姿：完成针插后的蝗虫正确姿势，对针插后的蝗虫作局部调整，如姿态位置、虫足的弯曲度、触角的伸长方向等逐项加以调整，适当调整蝗虫身躯、腿或触角的姿势和位置，使其完全与活蝗虫具有相同的姿态。

7. 干燥：当插针和整姿之后，将蝎子放置到通风干燥 1～2 周，就可以完全干透。

8. 防腐和保存：在制成的蝗虫标本上加放适量的防蛀防霉药剂，贴上标签。若标本的数量较多，则需分门别类将标本置入标本盒内，将其置于避光的干燥处保存。

用大头针将蝗虫头尾展翅板 V 型槽内固定

将蝗虫触角须、前后翅、后足和纸固定好

将另一侧前后翅后足和玻璃纸一起固定

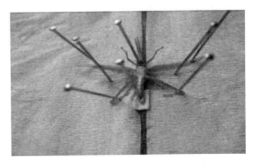

生物红翅蝗虫固定晾干后塑封制作而成